父母教练 | **Parenting**
推动摇篮的手推动世界

# 中国妈妈育儿图鉴

90分的自己，70分的妈妈

吉米妈 著

长江出版传媒 | 长江少年儿童出版社

图书在版编目（CIP）数据

中国妈妈育儿图鉴 / 吉米妈著. — 武汉 ：长江少
年儿童出版社，2020.10
ISBN 978-7-5721-0731-3

Ⅰ．①中⋯ Ⅱ．①吉⋯ Ⅲ．①婴幼儿－哺育－图解
Ⅳ．①TS976.31-64

中国版本图书馆CIP数据核字(2020)第100543号

ZHONGGUO MAMA YUER　TUJIAN

# 中国妈妈育儿图鉴

吉米妈 / 著
责任编辑 / 王仕密　　方云宝
装帧设计 / 钮　灵　美术编辑 / 雷俊文
内芯绘者 / 应培浩
出版发行 / 长江少年儿童出版社
经销 / 全国新华书店
印刷 / 深圳当纳利印刷有限公司
开本 / 880×1230　1 / 32
印张 / 8
印次 / 2020年10月第1版，2020年10月第1次印刷
书号 / ISBN 978-7-5721-0731-3
定价 / 48.00元

_____

策划 / 海豚传媒股份有限公司
网址 / www.dolphinmedia.cn　　邮箱 / dolphinmedia@vip.163.com
阅读咨询热线 / 027-87391723　　销售热线 / 027-87396822
海豚传媒常年法律顾问 / 湖北珞珈律师事务所　　王清　027-68754966-227

女人能互相欣赏并且成为好朋友，是一件特别神奇的事。

我被吉米妈惊艳到，是我们在北大读研究生，第一次上英文课的时候，她一张嘴就是一口标准的英国伦敦腔，真的是太"圈粉"了。吉米妈毕业没多久就考进了英国驻华大使馆，在那里一待就是十几年。她从使馆辞职时，我们都不理解。

为什么辞职呢？她说："我一毕业就有机会接触很多来自各个国家的高层人士，从而见识了更大的世界，有了更高的起点，所以我更想脚踏实地地，为推动某个行业的发展做点儿事情。"

后来她去了中国欧盟商会，专注研究技术法规，每天穿梭在香奈儿、欧莱雅这些企业之中。

二〇一七年，不论是计划外还是意料中，我、吉米妈、图图妈三人都变成了二胎老妈，于是一起做了公众号"三个妈妈六个娃"，最有才华的吉米妈，也成了我们的创作主力。

过去两年，我们三个职场二胎妈妈，坚持创作了近 1000 篇文章，原创文字超过 300 万。这个数据让我们自己也很震惊。

我们每天都能看到有妈妈留言，因为我们的分享，她们解开了一个心结，或者学会了一个养育孩子的小知识。我们知道，自己坚持做的这件事是有意义的。但是，我们担心自己的知识储备不足，无法给予妈妈们更多帮助，于是，吉米妈和我开始进修中科院心理研究所"儿童发展与教育心理"的博士课程，图图妈参加了正面管教课程的学习。

这两年，我们也创作出了一些阅读量超过十万的文章，其中吉米妈的原创占了一半以上。我们经常说，三个人里真正有才华的，只有吉米妈。果然，吉米妈成了我们三人里的第一个"作家"。

吉米妈除了有才华外，还是个活得特别通透的人。我们没事的时候就老爱凑在一起，听吉米妈讲些有哲理的"人生段子"，她在生活里随时吐露的段子，和她的文字一样精彩。

这本书通过她温暖、灵动的笔触描述真实又有趣的二胎生活，汇集了她的人生智慧。看完她的文字，我有信心你会爱上她。因为只有真的很酷也很可爱的人，才能把原本辛苦异常的二胎生活描绘得这样饶有趣味。

这几年，我们三个从 Gina、Sophia、Coco（英文名）摇身一变，成了啾啾妈、图图妈和吉米妈。啾啾、图图和垚垚（小张）算是一起长大的发小儿，呦呦、小树和吉米也是一样。

不出意外的话，未来几年，我们三个依然会像现在这样，一起看着孩子们长大，把生活过得更美好。在未来的未来，我们还会一起优雅地变老……

这一切经历，我们都能用文字记录下来，真好。

"三个妈妈六个娃"公号创始人之一——啾啾妈

当吉米妈决定要出书的那一刻，作为同窗、闺蜜、亲密的"战友"，我必须自告奋勇地来写个序，因为中年母亲的友谊是牢固的，彼此的了解是深刻的。

如果要我用一句话描述吉米妈，那我一定会说：吉米妈是我见过的活得最通透的女人，无论是做自己、做老婆还是做妈妈。

这几年，我和吉米妈还有啾啾妈，真的是一起打拼，一起养娃，一起享受中年生活。不得不说，我惊喜地发现，人到中年，可以和你一起哭、一起笑、一起养娃的竟然是闺蜜！

确实，我们三个人因为当了二胎妈妈而建立起了"革命友谊"，这绝对是人生的一个大"彩蛋"——我们不仅一起吐槽老公，在彼此孩子的更"渣"中得到安慰，每天无数遍地吹牛、打鸡血，更重要的是，我们在人生旅途中彼此鼓励，为下一个十年一起努力。

这种幸运和幸福，绝对不亚于年轻时"转角遇到爱情"。这种一起并肩的感动，绝对不亚于拥有一位陪娃写作业的好队友。

那是什么让我们三个中年老母亲走到了一起，不出意外还能继续走下去呢？是因为我们的"三观"是一致的。

· 育儿观

所谓的育儿观一致，是指我们在培养孩子的人格、对亲子关系的认知、对教育的重视程度上的看法一致。而不是说，你家孩子上国际学校，我家孩子上公立学校，那我们的育儿观就不一致。

我们三个人就是这样，选择可以很不同——啾啾上国际幼儿园，垚垚上离家近的私立幼儿园，图图上公立幼儿园，但是我们三个人的育儿观念在大的方向上是一致的：认同父母的引导和参与对孩子的成长最重要；学习是必须要严格要求的事情；生活除了学习，还有运动、爱好、朋友……

在方式方法上，我们三个都是抓大放小的"马大哈"，不纠结孩子成长中的小挫折，也因此才能轻松地做老母亲，还能有时间一起吐槽、一起写公众号。

· 婚姻观

已婚女人能成为闺蜜，她们年少时的选择可以大相径庭，但是中年婚姻生活的幸福程度一定不能相差太多。

这是女人的天性，也是女性友谊的"局限"——你的婚姻比我幸福太多，我的婚姻比你悲惨不少，那真没法做朋友。

吉米爸老张因为"聪明绝顶"比我们还红，吉米妈内心暗爽；啾啾爸的盛世美颜和"鸡娃"功劳，让啾啾妈立刻扳回一局；图图爸的体贴和深情，一般我都得低调掩饰。

其实，我们三个人嘴上不怎么说这些，心里坚持的都是爱家、爱孩子，珍惜这一世的缘分。

· 个人价值观

　　除了是母亲、妻子，我们更是自己，所以对女人的价值和追求的理解，是三观中最重要的支柱。

　　作为一个女人，如何定义自己在各种角色中的定位，就是我理解的个人价值观。

　　我们都认同个人价值观的基础是精神独立。女人可以选择做全职妈妈，也可以选择追求自己热爱的事业，也可以某些阶段在经济上依赖另一半。但是我们都认为，保持随时经济可以独立的可能性，保持精神独立的状态，才是我们自己该有的样子。因为，我们都想成为更好的自己，成为孩子的骄傲。

　　我想把这篇序献给我们三个中年母亲的友谊，也献给所有一生爱自己、爱孩子、爱自由的妈妈们！

　　　　　　　　"三个妈妈六个娃"创始人之一——图图妈

# 目 录
CONTENTS

## 前 言
FOREWORD

# 中国式育儿四部曲

我怀老大的过程不算很顺利。

孕早期的时候我的孕酮值低，口服黄体酮药也没什么效果，只能去打针。

孕中期的时候，我去做糖尿病筛查，结果不太好，之后一天到晚地拿小针儿扎自己，满脑子都是"万一血糖一直不正常，影响了孩子怎么办"。后来我又贫血，还得了"甲减"，吃各种各样的药，恶心得要命。

孕中后期，有一次我去做 B 超。医生用仪器在我的肚子上推来推去，她眉头紧锁，还不断发出"嗯，嗯，咦，咦……"的声音。我当时心脏都要骤停了。后来，她走到旁边房间，又叫来了一个医生，两个人小声地交流着，我快要哭了。然后我被要求到外头去溜达十分钟。那十分钟里，我只有一个想法：只要孩子健康……好在最后有惊无险。

我一开始是想自然产的，医生说我的身体条件还不错。其实我更朴素的想法是，自然产对孩子更好。但是我顺呀顺呀，顺了一天，疼得生不如死，老张一直鼓励我："加油，'万里长征'走完了两万四千八百里。"

可是，我突然发高烧了。医生内检，说我羊水早破，怀疑宫内感染。我当时的第一句话就是骂老张："就是你非要让我自己生，要是孩子有什么问题，你对得起他吗？！"老张红着眼睛和医生商量立刻去"剖我"。

在孩子出来的一瞬间，我感觉自己的身体被撕扯了一下，但脑子里更强烈的想法是：我只要他健康，什么男的女的，胖的瘦的，美的丑的，统统无所谓。

我屏住呼吸，试图听到医生和护士的所有对话。

他们好像没说什么。

"怎么了，孩子为什么没有哭？"我大喊，"他胳膊、腿都全不全？有没有眼睛？他怎么不哭？让他哭！"

### 第一部曲： 只要他健康

从孩子来临的那一刻，直到孩子两岁左右，"你快乐所以我快乐"

是老母亲最朴素的情感。我坚决贯彻了"只要他健康"的育儿理念。

在小张两岁之前，我对他是没有要求的。我只想不停地给予，因为我觉得他是全世界最可爱的小孩。

他吃得多，我为了当个"好奶牛"，拼命地喝汤、喝水，喝到恶心；他大半夜哭闹不睡，我就半宿半宿地抱着他，抱到精神恍惚；他拉肚子了，我翻来覆去地看屎屎的颜色、形状，就差尝尝了。

他笑了，他哭了，他会叫妈妈了……

他一岁多时第一次高烧不退，浑身发抖。看着吃了药也依然发烫的小人儿，我急得直哭。冬天的大半夜，老张就像被《甄嬛传》里的果郡王附体，光着膀子打开窗户，吹冷风，然后抱住小张。

后来孩子好了，我们看到一些文章，说一些爸妈在孩子才五六岁时，就开始给孩子报辅导班，孩子从早到晚数学、英语学呀背呀，钢琴、小提琴弹呀拉呀。我说："这些人怕是疯了吧，孩子只要健康就好，学那么多有用吗？要给孩子一个快乐童年，我们可不能和那些人一样。"老张深情地看着我："身体好，才是真的好！"

## 第二部曲： 他一定是个天才

随着小张慢慢长大，我开始有意无意地教他一些东西，孩子的表现经常让我产生一个幻觉：妈呀，我不会是生了一个天才吧？

这样的幻觉一般出现在孩子一岁半到五岁之间。当然，幻觉出现的频率，随着他年龄的增长而递减。

一岁八个月，他竟然会背诗了。记忆力超群，也许是个天才。

一岁十个月，他竟然可以坐在钢琴前按键弹奏，哎呀，不得了，他竟然知道把小手指蜷起来按键。有音乐天赋，没错！

两岁，他竟然可以在一个字都不认识的情况下，认得所有小画册上的汽车名字和车标。是天才，没错！

三岁，他第一次画画竟然就和我现在的水平差不多，很有线条感。画画竟然也这么棒，真是多才多艺！

……

我开始怀疑孩子可能不是天才这事儿，发生在他四岁左右。

我思考着是不是该教他认认字母、写写数字了？谁料到，三个字母他能认一上午，数字 2、3、5 他总是反着写……专家说了，这些是四到八岁孩子的通病，他们对图形和字符空间位置的辨别能力还不够。

但这一阶段盲目乐观的心态基本还是占主导——你看他才学了三个月跆拳道，就有模有样，可以踢板了，多有运动天赋！

老天爷，我怎么这么幸运！他也许真是个天才呢。我一定要好好培养他！

## 第三部曲： 他不会是个"傻子"吧

小张系统地上一些辅导班、兴趣班，是在他满五岁之后。然后我开始觉得，是谁把我的孩子偷偷换了吗？

弹钢琴，一分钟的曲子，他要哭十五分钟当前奏。明明五分钟就能弹完五遍，他要用三十分钟和我辩论为什么一定要弹五遍，四遍就不行？每天如此反复，他哭的花样不断翻新，弹琴水平丝毫没有长进。

他明明知道 7+3=10，问 3+7 等于几，就开始蒙，任你讲七八遍——"为什么也等于 10 呀？都等于 10，你干吗要问我啊？"小张哭哭啼啼。

我教他英语："Beard，beard，跟我念。"

"Bread，bread。"

"Beard！"

小张又哭了。

他的生日是九月中旬，所以他满六岁的时候还没能上小学。我心里想着：儿子，比你大不了一个月的小朋友已经上学了，你能不能长点儿心？

我几乎用了一小时的时间，来跟他讲"爸爸比你多 10 块糖，妈妈比你少 5 块糖，谁最多，谁最少"这道数学题，讲得我咽炎都要犯了，可他又哭了，表示："我根本不知道你在说什么！"

于是，第一次地，我怀疑：我该不是生了一个傻子吧？在之后的一年时间里，无数个陪他写作业的日夜，这个念头多次在我头脑中闪现。我再也想不起，我曾经觉得他是个天才这件事。

### 第四部曲： 算了，他是亲生的，love & peace

我并没有一直暴躁下去。因为时间是良药，我慢慢习惯了。

暑假的一个晚上，我问小张："马上开学了，你的暑假作业写得怎么样了？"

本来玩得不亦乐乎的他，立刻眼眶噙满了眼泪："妈妈，我告诉你一件事儿。我可能把暑假作业忘在天津的酒店里了。因为我找不到了。"

我冷静地告诉他："去玩之前，我从你的书包里拿出了暑假作业，因为我知道你带着也不会写。麻烦你在书房里好好找找。"

我要保存体力做一个情绪稳定的中年人，打持久战。

# 第一部分

# 我本为娘，注定要强

　　未来的路还长，所以我们都应该克制，不较劲，尽早掌握"随他去"这门养生技能。作为孩子的妈妈，我们得好好的。

# 灵魂拷问：
# 我为什么要生孩子？

妈妈在孩子这一生中自觉不自觉地就会
承担更多，这也许是天性，也许是注定。

两个孩子都生病，对于二胎家庭来说，那真是最难熬的事了。

记得有一段时间，北京的天气非常糟糕，老大小张的过敏性鼻炎犯了，整晚打呼噜，动不动就把自己憋醒。老二吉米因为得了支气管炎也睡得非常不踏实，会突然咳醒，然后不知所措地呼的一下子坐起来，十分委屈地爬向我，嘤嘤地哭。吉米嗓子红肿得厉害，虽然咳嗽起来没有很明显的碴碴声，但是声音非常哑。医生提醒我，一定要注意，孩子如果在夜里有喘不上气的症状，就要怀疑是喉梗阻，必须立刻去医院。

　　那段时间，阿姨生病回老家了，老张在外培训，所以有好几晚，我根本不敢睡。

　　凌晨，我迷迷糊糊地睡着了，忽然又听到吉米在大哭。我惊醒，一看表，五点半了，这是他每天早上喝奶的时间。喝了奶的他竟然又睡了。我内心充满感恩，感谢老天，他没有一跃而起。我闭着眼睛熬到了早上六点半，虽然还是困，但是总觉得到了白天，孩子生病这事儿就没那么可怕了。

　　孩子的奶奶也咳嗽，为了不交叉感染，我白天一个人带吉米。从喂饭到喂药，从换衣服到换纸尿裤，我几乎都在和这个小孩搏斗——他抢勺子、一巴掌把小药杯打飞、雾化时扯掉面罩……他力大无比，一挣，就能从我膝盖上蹿下来。我把他按住时，常常已经筋疲力尽。

还不到上午十点，我觉得已经过了一个世纪了。和照顾小孩相比，所有工种都显得那么轻松。**照顾孩子是对老母亲体力和精神的双重考验，我最先撑不住的是体力。**

我望着餐桌上的杯盘狼藉，根本没有力气也没有意愿去收拾。我看着吉米在身边玩。看着看着，我的眼神好像放空了，思想也是一片空白。但是孩子就是孩子，他张着小手让我抱，示意我他想去哥哥房间玩一会儿。我真是懒得起来，但是他的小眼睛就那么哀怨地看着我。我只好咬咬牙，站起来。

玩了一会儿，小孩又烦了。我把他放在地垫上，打开音乐播放器，给他放儿歌，让他玩一会儿喜欢的玩具。这时，我给自己倒了杯水，稍微歇一歇。他看我不在身边，突然放下了手里的玩具，嗖嗖地爬向我，再一次伸着小手，让我抱。我放下水杯，抱起他。他实在是太重了。

我几晚没怎么睡，小张回家后我还得拼体力督促他学习，白天真是在靠意志力支撑了。这次我终于觉得我抱不动吉米了，有点儿突然地，我转身把他放在了地垫上。

吉米很敏感，他立刻不开心了，瘪瘪小嘴，还让我抱。我木然地看看他，没有动。我轻轻地把他推开了，轻轻地，但是很坚定。**在体力崩盘后，支撑不下去的就是老母亲的精神了。**

我觉得这个原本可爱的胖孩子，突然没有那么可爱了。我竟然觉得他很烦人，为什么总是让人抱，让人抱！就像头天晚上不停和我狡辩，一遍琴都不多弹，让我觉得头都要被气炸了的老大，我根本没有力气说服他、教育他，就想用手去捂他的嘴，或者一巴掌把他扇飞。突然有那么一刻，我觉得很烦，自己的孩子也很烦。我想让他们都消失，我想自己待一会儿，安静一会儿，休息一会儿。

吉米撕心裂肺的哭声把我从麻木中唤醒。他拼命往我怀里扑，拍打我的胳膊。因为着急，他咳嗽得更厉害了。我赶紧把他抱在怀里，他趴在我的肩头，搂着我的脖子，专心地哭着。我站起来，和他说话，转移他的注意力，慢慢地，他不哭了。

记得我刚生完吉米，还在月子里的时候，就有朋友问我："你不上班了吧？大的刚上小学，小的这么小，要是上班，你不得累

死？"吉米半岁，我休完产假，继续上班。

我出差，或者偶尔和朋友吃饭、看剧的时候，都会有人问："你还能出来玩？晚上谁给你看孩子呀？"

在当二胎妈妈的时间里，我拼尽所有力气坚持着。

我要有自我，有自己的事业，有自己的生活。

我不要变成一个胖阿姨，一个邋遢的中年妇女。

我能把孩子教育好，也能把自己活好。

我甚至一度对那些对外表不再有要求的二胎妈妈表示不理解。我还高谈阔论地抨击刚出来一会儿就着急回家接老大、看老二的朋友，说"你们不能为了孩子就丧失自我"。我也劝那些决定做全职妈妈的朋友，干吗要因为生孩子就辞职，辞职了，一定程度上就放弃了婚姻中的选择权。

我说的这些听起来都好有道理，但是仅仅一周时间，我这个人到中年的二胎老母亲，就因为没有阿姨，孩子生病，老公出差，老人身体抱恙，而被熬干了所有"鸡血"。我之前可以稍微有喘息的时间，可以上班去追求自我，都是因为有人帮我。而那些由于各种原因，没有人帮助的二胎妈妈，她们日复一日地照顾孩子、照顾家庭，又该怎样去寻找平衡呢？

即便老张有八个孩子，他去上班，也不会有人问："你出来上班，谁给你看孩子？"

他出去和朋友吃吃喝喝，也不会有人催："你晚上应该回去带孩子。"

他无论什么原因晚回家，都会有人说："你是为了家庭在打拼，为了事业在奋斗。好辛苦！"

我一度对于这些事情非常在意，觉得这不公平，可是现实哪有那么多公平？

我听过一个故事：

一个婴儿即将出生，他很不安，问天神："您明天要把我送到地球上，可是我什么都不会，也听不懂他们的话，怎么办？"

天神说："你不用担心，我已经为你选好了一位天使，她会等待、守护、照顾你。"

婴儿又很担心："听说地球上有很多坏人。"

天神安慰他："你放心吧，那位天使会保护你的，她爱你胜过爱自己。"

婴儿很开心："真的吗？您快告诉我天使的名字吧！"

天神笑着对婴儿说："天使的名字并不重要，你可以叫她'妈妈'！"

看，天使是妈妈。所以妈妈在孩子这一生中自觉不自觉地就会承担更多，这也许是天性，也许是注定。但我们毕竟是妈

妈，不是神。我们心里住着一个天使，还有一个魔鬼。身体疲劳、精神压力大、无人倾诉、压抑，都会让我们心中的魔鬼跑出来。我们会后悔，会心疼，会自责，但仍会不断循环。我们，也许没有自己想象中那么爱孩子。

不是故意不爱，是"累觉不爱"。

很多人说：当了二胎妈妈的女人，想在自我和家庭、工作和生活中维持绝对的平衡是不可能的。我还在寻找中，寻找一个相对平衡的方式，把自己从死循环中解救出来。

# 我不是天生要强，
# 我只是注定当娘

> 对于孩子，最合适的相处方式，就是爸妈花时间、花精力、花心思去陪伴他们！

有一天，我一整天都在参加培训。我有些心不在焉，因为有几个重要的邮件没有回，还有几份报告没有写。

培训师在讲沟通的技巧：怎么说服别人？在别人和你意见不同时，要先问 Why；说"不"时，要先给理由；提意见时，要给解决方案。有效的沟通可以解决争议，而无效的沟通会增加矛盾。

一切听起来都那么有道理。

培训师问大家："和老板、下属沟通的时候，你们一定遇到过

一些困难，给我一些案例吧，你们觉得最难沟通的情况是什么？"

有人说，是找老板加薪；有人说，是让下属周末加班；有人说，是裁人，真张不开嘴。

问到我时，我觉得这些都不是事儿呀！现在对于我来说，最难的是和我七岁的大儿子沟通！什么温和而坚定呀，耐心呀，理解呀，共情呀，统统没用。而且最让我无奈的是，老板、员工，实在沟通不了的话，就换喽！但是孩子换不了呀，这怎么搞？当然，命运对我还是很公平的，我的老板还是很好沟通的。

我诚恳地和培训师诉说了我的困惑，他表示："嗯，这个……和孩子的沟通是另外一个领域，你要是感兴趣，我可以发一些资料给你。"

他问我："你有几个孩子？"

我说："两个，还有一个也是男孩，八个月。"

培训师立刻兴奋地说："哦，那你一定会成为沟通问题的专家！"

## 原本很贴心的老大
## 变得有点儿不可理喻

培训结束，还有一堆工作没做完，我抱着电脑回家，赶上了老大的钢琴课。

他因为学到了小汤 3（《约翰·汤普森简易钢琴教程 3》的简称），开始觉得有点儿难度，而且老师比较着重纠正他的指法，所以他觉得有点儿无聊。课上到一半，他觉得老师批评他的次数多了，就干脆坐在那儿，一动不动，泪如泉涌。

我跟他讲道："学习什么东西的过程都没有那么一帆风顺，有困难很正常。"

没用。我越说，他哭得越凶。

我稍微严厉一点儿，说："现在是在上课，你要尊重老师的时间。"

那就更刺激他了，他超级情绪化，除去哭戏，还有台词："为什么弟弟不用学习，一天到晚吃吃喝喝，天天拉屁屁都能让你们很高兴。我每天上学、上课，那么多事儿，不会弹钢琴怎么了？不学了又怎么了？！"

我和他说："老师纠正你的手形是为了你好，这是要你把基本功打牢。"

没有用。他觉得："你们就是想要控制我，就是针对我。我

弹熟练了就可以了，老打断我干吗！"

　　这半年以来，原本很贴心的老大，变得有点儿不可理喻了。

　　不光是练琴，很多时候老大都很情绪化，暴躁易怒，容不得别人说他，听不进劝告。和他说点儿什么，我经常是口干舌燥、头昏脑涨、浑身冒汗了，而他还思路敏捷、振振有词。我经常有种他的青春期和我的更年期都提前到来了的错觉。

　　有朋友问我，是不是因为生了老二，冷落了老大？但事实是，我下班后所有的时间几乎都用来陪老大玩、写作业、练琴、学英语……我几乎没有什么时间陪老二。

　　有了弟弟之后，老大还是表现得很温和、友好的。但是孩子毕竟是孩子，他的爱更多的是觉得弟弟小，肉乎乎的，很好玩。但是一种也许他自己都没有意识到的不安全感还是让他时不时地问我："妈妈，你还爱我吗？"

　　本来都自己单独睡的老大，在我生了弟弟后，坚持要和我一起睡。每天只要我一出现，他就像被小蝌蚪附体，总是"找妈妈"。我下班之后的所有精力、耐心，几乎都被老大耗尽了。

　　老话说，七八岁的小男孩人嫌狗不待见。我真是领教了！

## 精力、时间都有限
## 顾了老大就忽视了老二

　　原本我十分担心生了老二，会忽略老大了。但是现实是老二的存在感很低，当然，这是因为我真的非常力不从心，实在没更多的力气去关注他了。

　　我经常在和老大说一些事情说得起劲时，发现身后有响动，回头一看，一个胖小孩坐在摇椅上玩脚丫儿。哦，我原来还生了一个孩子。

　　我生了吉米之后，把之前看老大的阿姨请了回来。有一天，阿

姨提醒我："吉米妈妈，你该给吉米买衣服了，他真的没有合适的衣服了！"

是喔！我好像真没给吉米买过什么衣服。他的衣服大都是朋友给的旧衣服或者别人送的礼物，人家都是按照普通小宝宝的身材给的，所以大个子的吉米穿着经常是紧身衣的状态。

一天，阿姨抱怨："我觉得你们对吉米太不上心了。之前垚垚（小张）夜里哭，你和他爸无论多晚都会窜过来看。现在吉米夜里'嗷嗷嗷'大野狼似的哭，你们都睡得特香，叫都叫不醒。"

有一次吉米体检的时候，医生说他锻炼得不够，他的大运动和精细运动发展得都有点儿慢。医生嘱咐我，一定要多陪孩子玩。医生给拉了一个长单子，说："你得多和孩子互动，多和他一起折腾。"

我挺自责的，我给吉米的陪伴的确太少了。但是工作日就是这样，我没有大段时间陪他玩。我早上一般只要收拾妥当，就立刻下楼。天气热的时候，吉米一般都是一大早就和阿姨下楼去玩。我一边陪他玩，一边等车。自从上班之后，我陪他玩的时间都是挤出来的。

## 没人天生会做妈

有人说，作为妈妈，对待两个孩子你一定要尽量做到公平，不要厚此薄彼。很多育儿理论告诉我，对待孩子其实没有绝对的公平，要找到适合孩子的相处方式。

等你真的有了两个孩子，你就会发现所有的经验、理论都变得很苍白。

你上班累得晕头转向，下班回到家，看到老大因为练一会儿琴就哭得如丧考妣，如同"戏精"上身；写一会儿作业，又拉又尿、喝水放屁、要求拥抱的时间远超写作业本身。老二早晨准时醒来，

咿咿呀呀，你特别想爬起来陪他玩会儿，可是，你就像被牢牢封印在床上了，实在起不来。

这时，有人再和你说什么爱、公平、温和而坚定，找到最合适的方式和孩子相处……

停！你想说什么？我现在只想睡觉！

是的，就算我很要强，我也会在一些时候有强烈的无力感。这种无力感源于我知道，对于孩子，最合适的相处方式，就是爸妈花时间、花精力、花心思去陪伴他们！而我现在好像这三样都"欠费"了！

有时，我甚至觉得一个职场妈妈，根本就不配有二胎！也有很多人劝我，两个孩子还不够你忙的？干吗还要去上班？又不是缺那点儿工资！我实在汗颜，家有两只"吞金兽"，那点儿工资真的很重要啊！然而，再多的无力感，也无法阻挡在夜深人静，我翻看老大、老二的照片，看着他们可爱的模样时油然而生的母爱。其实他们也没那么讨厌，对吧？

一个人成年后，真心盼望你早点儿回家的，除去你养的小狗就是你养的小孩了。我回到家后，看着吉米兴奋的小样、大

大的酒窝，瞬间就被治愈了。

所以，我只能尽力地去陪伴。

鲁迅先生说过，时间就像海绵里的水，只要愿挤，总还是有的。现在，我下班回家，先陪吉米玩一小时，再吃饭。对于老大，我给他的关注够多了，我需要做的就是保持冷静，控制我自己的情绪。未来的日子他就是一个叛逆期接着一个叛逆期了。而且据说男孩子在十几岁时，和妈妈的关系会很紧张，因为一般妈妈都管得多，爱唠叨。所以我为了自己能身心健康地活得久一些，从现在起我就要学会控制我自己！

人生如戏，演成喜剧，职场妈妈，全凭演技！

# 有妈要顾有娃要养，
# 我必须身健如钢

> 每个中年妇女都有一个脆弱的灵魂和一个彪悍的人生。妈病了能陪床，娃病了能熬夜，这是生活对一个中年妇女的基本要求。不求吃嘛嘛香，但求身健如钢。

生完老二的月子里，我腹痛难忍，去医院验血、做增强CT……

医生怀疑有两种可能，一种是只有靠激素才能治愈的肠病，另一种是骨髓病变。

大冬天，我穿梭于不同的医院，承受着巨大的心理压力，晚上回家还得假装镇静地面对家人。

确诊的过程总是让人心焦。

　　我原本觉得吃激素可能会让自己变得虎背熊腰，但现在我倒是满心期待我可以被确诊为某种肠炎。

　　我知道我是一个有点儿消极的人，我知道我害怕的不是病痛本身，我害怕的是我把孩子带到这个世界却没有办法保护他们到他们足够强大。我也害怕在父母需要我照顾的时候，我却比他们先倒下。

　　人生病了，就会格外脆弱，无论是肉体还是精神，这个时候就容易胡思乱想。

## 妈　妈

　　我做胃镜的那天，老张有一个很重要的会，只能把我送到医院，然后开完会再来。我让妈妈家的阿姨小桃全程陪我，以免老张不能及时赶回来。

　　一大早，我到了医院，就看到我妈和小桃都站在门诊大厅了。

　　我本来不想告诉妈妈我还得看血液科，但是看到妈妈，我就特别想和她说，好像自己小时候受了委屈第一时间想和妈妈诉诉苦一样。

　　妈妈显然是有些震惊的，我看到她嘴角颤抖了几下，但她只是说："唉，那怎么办，一点儿一点儿查吧！"

我怪她这么冷的天干吗还来。

她说："嗐，小桃不认识地儿，我怕她找不到，耽误你事儿。"

我看向小桃，她挤挤眼睛。一会儿趁我妈没注意，她说："我怎么不认识？我来这儿抽过血，我阿姨就是担心你，一定要跟着过来。"

在我等着做胃镜的时候，妈妈什么话都没说，微微闭着眼坐在那里。妈妈这几年眼疾严重，一只眼睛几乎看不到东西，另外一只也很怕光。我也不说什么话，坐在妈妈对面，看着她。

她一辈子都是这样，不温不火，不紧不慢。

我小时候总觉得我妈没有那么爱我。妈妈在乡下的学校教书，早出晚归，所以没什么时间管我和姐姐。晚上她回到家，我说："妈妈抱抱我吧！"她总是很疲倦地把我轻轻推到一边，说："你自己玩吧。"

我在外边玩，摔了一个大跟头，终于等到妈妈把我抱（拎）起来了，她第一句话竟然是："裤子破没破？裤子破没破？"

妈妈紧拥着我安慰我，这样的场景在我的童年是没有的，腿破了能好，裤子破了得买新的。

长大后，我谈起这些让我耿耿于怀的往事，妈妈说，那时候日子过得太辛苦，真的一点儿疼孩子的多余力气都没有了。我现在完全可以体会，白天上班，夜里上夜班有多辛苦。

妈妈总是很平静，好像没有什么事儿可以让她特别高兴或者特别伤心。

我第一次看到妈妈掉眼泪，是我生老大的时候。催产一天，我疼到出现幻觉，我妈流着眼泪说："别生了，剖吧，快剖吧！"

亲生的，才会痛。

这次老二才一个月，我就得做各种各样的检查、吃药，不能喂奶了。我身边的人都觉得挺遗憾，包括我自己在内。只有我妈说："不喂就不喂吧，他怎么都能长大。你得好好治病，把身体养好。"

**再无欲无求、平淡如水的妈妈，亲情、孩子都是她最大的牵挂。**她并不指望你天天去看她，甚至生病了都瞒着你，她只希望你无病无灾。所以，作为妈妈的孩子，我们得好好的。

## 孩 子

孩子是债。无论多大岁数，妈都会为孩子操心。自然，我如果有什么大毛病，最放心不下的肯定是小张和吉米。

女人，尤其是到了一定年龄的女人，很多身体上的问题其实都是和情绪有关的。

等到我们身体真有问题的时候再往回看，我们会发现自己身体好，比孩子多算了几道数学题、多弹了几遍钢琴曲，不知道要重要多少倍。

可是在当下，我们却总是看不开，好像体内总是有无数处无名火。这些随时会燃烧起来的无名火伤害了孩子，也让自己受了内伤。

　　谁家孩子不用操心？尤其我还有两个男孩。老大要上学，老二刚出生；老大小升初，老二上小学；老大高考了，老二小升初。我若没有一个健康的身体，要如何应对我彪悍的人生呢？

　　未来的路还长，所以我们都应该克制，不较劲，尽早掌握"随他去"这门养生技能。作为孩子的妈妈，我们得好好的。

## 爱　人

　　"爱人"是个很酸的词。夫妻十几年，爱更多是变成了习惯。习惯就是他在家的时候你可以熟视无睹，他不在家的时候你却觉得空落落的、不踏实。

　　男人是一种什么样的生命体？我虽然嫁给了一个男人，生了两个男孩，却并不太敢说我了解。

但是从老张对待大娃和二娃截然不同、毫不掩饰的两种态度和嘴脸上看，男人大概对于弱小的、需要帮助的、娇滴滴的东西天生没有抵制力。

曾经有一次我因为小张练琴的事而发飙，娃哭诉我对他太不好了。

我气急败坏地说："我对你不好？等你把我气死了，你后妈天天虐待你，你就知道什么叫不好了！"

正在书房看剧的老张突然探出头来说："不会的，爸爸不会允许后妈虐待你的！"

这话，听起来，没毛病。

其实我们都该有这个心理准备，如果我们"翘"了，新人进门睡我们的床、花我们的钱是必然的。至于打不打我们的娃，全凭老爷们儿的良心了。

所以，我们必须得活得久一些，再久一些，起码得活到老爷们儿再娶也只能娶一个老娘们儿，且完全没有再生娃的念头的时候。那个时候我们的娃也就大了，谁打谁还不一定呢。

爱人在我们的生命中享有那么多高于父母、子女的权利，而当爱人需要履行义务时，如果他拍拍屁股走掉了，貌似我们也没处说理去。所以女人呀，对自己好一点儿这话真不是摆设。

大半夜的，我果断在代购那儿下单买了几件名牌羊绒大衣。

人在生病的时候总会"佛系"一些，而病好了或者确诊了并不是什么多么可怕的毛病，不知道会不会又开始释放"魔性"。

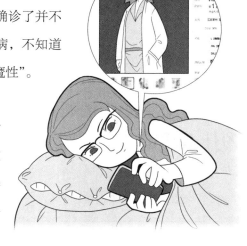

不管是佛是魔，人到中年的我们，对于父母，要在他们在时对他们好。子欲养而亲不待，是最无奈的思念。

对于孩子，我们要学会放手，把更多精力放在培养他们的习惯上就可以了。未来漫漫人生路，他多会弹一首曲儿，多会做几道题，这些都完全不值得一提。

对于爱人，我们要更知冷知热，人到中年都不容易，相互扶持、陪伴才是"爱人"的真正意义。

每个中年妇女都有一个脆弱的灵魂和一个彪悍的人生。妈病了能陪床，娃病了能熬夜，这是生活对一个中年妇女的基本要求。不求吃嘛嘛香，但求身健如钢。

## 明明是个小学生的妈妈，
## 为什么活得像个怀揣梦想的创业者？

> 人当然要和自己比，但不能只和自己比。
> 不要害怕竞争。别人家的孩子有助于我们了
> 解自己家的孩子。

过来人说，父母对孩子有一些不切实际的幻想，"我的孩子有天赋，生怕耽误了他"等想法一般集中在孩子 10 岁之前。

之后，家长慢慢成熟，趋于正常，对孩子的判断越来越冷静、客观。

作为一个八岁男孩的妈妈，我感觉我现在像一个怀揣梦想的创业者。虽然现实让我伤痕累累，但我依然不放弃梦想。我仿佛

在理想和现实面前做垂死挣扎——
我就不信这个邪——我还没有完全
认清现实，所以还在继续往"无底洞"
里扔钱。我感觉，必须让时间来说话。
钱不扔到位，我是不会死心的。

孩子一放暑假，我就
开始听到钱响的声音。但
是你知道，把钱扔进无底
洞是很难听到响声的。所
以无论是培训班、兴趣班
还是夏令营、旅行，大部分时候我们要有打发时间、自娱自乐的
心态。但是几年来不断"烧投资人钱"的经验，让我有了一些心得。

让孩子一味地学习、练习，认为和孩子自己比有进步就好，
这就是胡扯，尤其是对于上兴趣班。我认为，一定要让孩子参
加比赛，把孩子放到广阔天地中去和别的孩子比。

别那么"玻璃心"，孩子成绩不好怎么办？那就更加努力地
练习。努力练习也不行怎么办？那就当兴趣呗，也不错。

对于小张参与的各种比赛，老张一开始的态度是非常负面
的——"那些比赛算什么正经比赛呀！都是为了收钱。""整那
些都没用，都是交'智商税'。""好好练练就行了，不用参加比

赛。"——男人对待很多事情的态度都是"有什么用呀！"但其实这句话最适合让他们扪心自问。

"比赛是重在参与"，这话说得多好，但前提是，您得有资格参与。

小张练滑雪有一段时间了。有一阵子，他参加了三次滑雪比赛，分别是初赛、复赛和决赛。因为这几次比赛，小张和老张的心态都发生了变化。

**不参加比赛，孩子永远不理解规则的含义。**在初赛时，小张是信心满满的。他一直是这样的孩子，无论什么东西会了一点儿，就觉得自己是天下第一。

滑雪比赛分年龄段进行，以本年龄段小朋友规定时间内滑行次数的多少来排名次。教练在讲规则时，小张显然是没有注

意听的。他在脑海里深深植入了"我滑得快，次数多，就能赢"的念头。所以教练说的"左滑右滑都必须碰到两边的线才算一次"这样的话，他完全没往心里去。

结果两分钟滑了八十多个的他，有效成绩只有六十多个。排名倒数第一。

小张在赛场哭了快两小时，不停感叹命运的不公。在此之前，他对比赛规则的重要性完全不理解，而这一次他知道了，不遵守规则的结果就是成绩无效，努力白费。

我从小练田径。有一次我参加北京市的跳远比赛，最后一跳的成绩本来可以拿前三，但是我起跳时脚稍微过线了，就一点点，最终成绩无效，我排名第五。

残酷吗？残酷。

公平吗？公平。

就因为这一件事，在之后的比赛，包括其他比赛中，我们再也没有为规则的重要性啰唆过。孩子比赛时想赢怕输，太正常不过了，恰当的得失心，要靠更多的比赛来练。

小张一旦遇到挫折，第一反应是"放弃"。所以初赛之后，小张觉得，他对滑雪"累觉不爱"了。

我知道他需要更多的比赛。因为成功或者失败的次数多了，他就会习惯。心态在体育比赛和整个人生中，都太重要了。而

心态，是通过比赛练出来的。

　　没有什么天分的人，努力了，心态好，会实现"失败是成功之母"。有天分的人，努力了，心态好，会实现"成功是成功之母"。

　　因为小张同学初赛时用的姿势难度系数大，所以复赛时有两个复活的名额，其中一个给了他。

　　对于失而复得的复赛资格，小张格外珍惜。他坚持一周练习两次，而且每次都和初赛时第一名的小朋友约在一起。

　　在复赛的前一天，他和我说："妈妈，我万一输了怎么办？我特别紧张。"

　　我说："没事儿，这次复赛是我们捡来的，你能参加就是赚到了。你紧张可能结果更差，不紧张也许结果更好些。"

　　第二天到了赛场，我看到一屋子的小孩。我才发现，自己考试或者比赛时，我一点儿都不紧张，但是看孩子比赛，那是真紧张。因为紧张，小张动作有些变形。但是因为这一段时间他练得刻苦，原本第一名的那个小孩又发挥失常，最后他的成绩和另外一个小男孩并列第一，他们一同进入了决赛。他先是喜形于色到有点儿过分，我和教练都看不下去了，然后他又开始患得患失。

比赛的结果重要吗？参加比赛的意义是什么？我和他的教练开始和他讨论。参加比赛的意义到底是什么？其实就是让孩子知道自己的水平。

人当然要和自己比，但不能只和自己比。不要害怕竞争。别人家的孩子有助于我们了解自己家的孩子。未来，那种全区排名、全市排名是很有必要的。

别一提排名就害怕伤害孩子的小心脏。让孩子了解自己很重要。告诉孩子，竞争是很有魅力的，与世无争的是佛祖。

## 交朋友

赛场上的竞争对手，可以是赛场下一起切磋的朋友。小张参加集训也交到了朋友，还和新朋友约着一起游泳。小孩之间，一起和泥的可以是朋友，一起比赛的也可以是。高手之间的惺惺相惜感人，菜鸟之间的互相鼓励也可贵。

## 荣誉感

比赛胜利带给孩子个人的喜悦无须多言。一些集体项目给孩子带来的集体荣誉感更可贵。每一个人都为了团队拼搏，每个人的作用都很重要，这是一件非常酷的事情。比赛不仅仅是为了自己，更是为了团队，个人表现好很重要，但更要学会配合。有荣誉感的孩子，也会有责任感，有团队精神。

这些都是很难能可贵的品质。

## 付出就一定可以有好成绩吗?

赢得比赛凭借的是实力，但比赛的魅力在于有很多变数。所以不付出一定出不了好成绩，但是付出了也不一定会出好成绩。

原因很简单——别人可能比你更有天赋；别人可能比你更有天赋并付出得更多；别人可能比你更有天赋，付出得更多，还更幸运。

天赋天注定，幸运不可求，所以能做的就只有付出，不问其他。


当教练把进入决赛的孩子的成绩表拿给我们看时，小张同学开始抹眼泪。我在心里默念：连滑个雪，海淀妈妈都赶超朝阳妈妈吗？小张排在了最后一名，所以决赛时他只要超过一个人，就是胜利。即便还是最后一名，都属于正常发挥。

之前我和一个练冰球的孩子的妈妈聊天，她说：体育竞赛没有我们想象中那么公平，其实很"不公平"。比如一些集体项目，教练不让你上场，你就上不了场。你打得再好，但队友配合不好，最后也会输。客场参赛，裁判就可能会给主队放水，犯规了放水。现场观众才没有什么体育精神，就是给你嘘声一片。

八九岁的孩子，他们能承受吗？

体育比赛在一定程度上教孩子认识社会。因为体育比赛的本质不是参与，是竞争。孩子在比赛中磨炼，他们的心理素质会变得强大，他们会懂得没什么困难不能解决。

在小张同学密集训练，一轮一轮比赛的一个多月里，他的变化非常大。

　　游泳课上，他开始练习蝶泳。因为腰部力量不够，教练一直在纠正他的动作，也批评了他好几次。要是在平时，小张早哭了。可现在他特别平静，按照节奏，一次一次地练习。

　　他现在是男孩，未来是男人。

　　如果他能坚持不懈地去为某件事努力，并且平静地对待得失，还能长得帅一点儿，那么，我以后应该会是一个招人待见的婆婆吧。

# 有个上小学的孩子，
# 中年人的心态会变成这个样子

> 作为妈妈，我能给予孩子的最宝贵也最
> 强大的东西，就是爱和信任。

我是一个有点儿严格的妈妈，我生了一个很"松弛"的孩子。

这让我有点儿痛苦。为什么我上学的时候可以把课文倒背如流，而我的孩子会因为多写一个字和我讨价还价？我实在不能理解，明明三分钟可以做完的题目，他要花二十分钟和我哭诉：老师根本没让做这些，我为什么要做！

我不停地劝我自己："算了，他才上一年级。"而另外一个声音却跳出来："他都一年级了，好多孩子都'早培'了！"

我和自己说，他是一个普通的孩子，我其实也是一个普通的人。我们都不是天才，都有缺点，应该接受现实。

我真的接受了吗？

## 哭笑不得

有一天，小张同学回到家，让我在他的语文试卷上签字。看到他试卷里的两道错题，我哭笑不得。

照样子，给生字组词。

胆（胆子）（大胆）

色（红色）（blue）

"蓝色"写起来是有一点儿复杂，但也不能写英文单词呀。语文老师不要面子的？

我说："考试是很严肃的事情。做错题不可怕，错了才知道哪里不会，但是不能乱写。而且写字要认真，你看你写得歪歪扭扭的。"

他对此很无所谓，嘻嘻哈哈。

我知道你们一定会说，他都会，就是懒，或者他就是觉得好玩，小男孩儿都这样，你要温柔而坚定，发火你就输了。

我猜这么说的家长，你们的孩子应该都不到五岁。当你们真的有了一个上小学的儿子时，你们的心态可能就崩了。

他无数次的"懒"，无数次的"觉得好玩"，无数次莫名其妙地做错题，会让你觉得他就是在无底线地撩拨你脆弱的神经，仿佛在说："来打我呀，来呀！"

## 怒火中烧

好吧，学习很辛苦，我们先放一放，游游泳，放松一下。然后你会发现，一个在学习上很松弛的孩子，一去游泳就变得格外紧张了。

他游蛙泳和自由泳都没问题了。教练一直鼓励他跳入水池，差不多算是苦口婆心了吧。但是小张同学的口才一级棒，无论教练说什么，他都能给挡回来。他在游泳池边一把鼻涕一把泪，大概哭了二十分钟。

同组的小朋友，别的教练带的小朋友，都"噼里啪啦"跳入水中，欢快地游泳，只有我的儿子咧着大嘴在岸边哭泣。真的，我觉得胸中有一个大火球，像是立刻要爆炸了。

我觉得当妈的就不要陪着孩子上辅导班或者参加比赛，把孩子送到地方就去逛街好了。这样可以给自己留一些想象的空间，会开心很多。否则，真想去买一千个肉包子打狗算了！

英语课后，老师把课上排练课文的视频发给我。小张读得磕磕巴巴。

我说："这文章不难呀。"

他表示分工不合理，所以他没有心情读。他的组长给自己就分了两句话，而他和另外一个男同学要说四句。

我听了简直崩溃："多说几句会死吗？再说，你会说了，难道不是你自己长本事吗？！"

## 歇斯底里

当我眼里都是孩子的缺点时，他就变得一无是处了。懒散、敏感、胆小，争强好胜但是又不愿意付出，过于纠结一些细枝末节……

我的心魔，把他变得面目可憎了。他做什么，我好像都看着不顺眼。

有一次小长假最后一天的晚上，小张开始补各种作业。可能是熬得有点儿晚了，小张的脑袋有点儿"方"，几道借位减法题都做错了。我的态度自然没有多好。

我越说他，他就越紧张。

我吼几句，他的脑袋里就更是糨糊了。

我看到小张的手在微微哆嗦，他不敢说话了，但是越怕越错。妈妈的态度会特别大地影响"诈尸"的爸爸。他们往往会像打手一样，突然入戏，大声呵斥。在小张犯了几个特别低级的错误后，老张终于变得狂躁了："你就是个废物！"

突然，我的心抽了一下。我俩怕不是疯了吧！这么一唱一和的，这是在干吗？

我看到小张颤抖的小肩膀。我说："算了，算了。"

很多人说小时候父母没逼自己，要不自己也是一身才艺。那都是胡扯，能逼出来的孩子起码都是有天分的。

## 心平气和

孩子总是没心没肺，刚才还害怕、委屈，一会儿就没事了。洗漱完之后，我去他房间。他说讨厌爸爸，因为爸爸总是凶。

我说："妈妈不凶吗？"

他说："你稍微再耐心一点儿就好了，你对弟弟可以有耐心，为什么对我就没有？"

我对他有要求，这没问题。但仔细想想，我有时候也许真是打着"为他好"的幌子在发泄自己的情绪。

孩子做错了，妈妈只会指责，就像是孩子落了井，妈妈还往里扔石头，这算是什么妈呀！未来对他不好、指责他的人可能会很多，不多我一个。但是在发现问题时，了解到底是怎么回事，陪他一起克服的人，我得算一个。

"你为什么在试卷上不写'蓝色'，而是写'blue'？"

"因为我们班同学好多都不会写单词，而我会。"

"你觉得英语对话多说几句话很吃亏吗？"

"为什么让组长分配呢，他也是参与的人，这不公平。"

"你为什么那么爱哭呢？"

"因为我想发泄，发泄出来就好了。"

## 爱与信任

深夜，我翻看小张小时候的照片和他最近的照片。他在小的时候会更快乐些吗？为什么那时他的眼睛里有小星星，而现在就那么忧郁了呢？

他还是那个爬山时，走几步就回头告诉我"妈妈，我在前边等你，我一直都在。"的小男孩。

他很爱阅读，知道很多的成语。

他英语不错，每次都是 100 分。

他对数字的确不敏感，但是他很喜欢上思维课。

可我为什么依然有那么多不满意呢？因为我不想只让他当一个暖男。暖男都是"男二号"，是备胎。但如果他就愿意当"男二号"呢？

毕竟一辈子的路他要自己走。

我能做的，只有告诉他：规则非常重要，不遵守规则，可能连成绩都没有；汗水比泪水更珍贵；很多时候没有什么公平不公平，接受了，努力了，比抱怨重要得多；钱财可以被偷走，但是知识永远不会；前半程努力，好过后半程苦苦挣扎。

而这些话，远没有动画片的诱惑大。他也许今天记住了，明天又想着出去玩了。因为，他真的还只是一个小男孩。

作为妈妈，我能给予孩子的最宝贵也最强大的东西，就是爱和信任。我相信，他依然会把我气得冒烟，就像我相信，他一定会明白努力奔跑的意义。

## 知易行难

有人有天赋，有人很平庸。

有天赋的人，也需要努力奔跑，才会成为很厉害的人。普通的人也许努力奔跑了也没有很厉害，但是在奔跑中会发现自己的价值。

对于孩子，傻开心是一个阶段，而忧郁、有心事、有压力也一定是一个必经阶段，这就是成长的烦恼。

在孩子和我们最亲密的这些年，我们需要彼此都多一些同理心。未来我一定还是会吼孩子的，但是吼的意义不是发泄情绪而是解决问题。孩子一定还是有很多缺点的，就像他们也有很多优点一样。

在孩子成长的路上，父母的欣赏和接受比改造有效。但是知易行难，所以妈妈之间才有学习、交流的必要。

# 当妈后，
# 人生就是一个大型"打脸"现场

> 每个阶段，我们的认知都不一样。所以我们只有抱团儿成长，才能让自己的眼界更开阔。

在没孩子时，我觉得我将来一定是一个"不一样"的妈妈。

在商场里，我看到那些为了买玩具而大哭大闹、撒泼耍赖的孩子，而他们的父母都"弱鸡"一样束手无策时，我心里说：这要是我的孩子，哭就绝对不买，闹我就一脚把他踹飞！

旅行时，我碰到机舱里有哭闹不止的孩子，父母怎么都搞不定，我心想：连自己的孩子都哄不好，你还能干吗？这要是我的孩子，我马上让他闭嘴！

我外甥不写作业、不背课文还有一百个理由，我姐劝得口干舌燥也没用，我忍不了，吼："不写作业还有理由，你怎么和他这么客气？这要是我孩子，他敢！"

好友女儿不爱练钢琴，每次练琴之前都必号哭，惊天动地，好友却面无表情地伫立在她身边。我无比惊讶："这你都不揍她？这要是我孩子，我一定……！"

面对我所有"这要是我孩子"的豪言壮语，我妈风轻云淡而十分笃定地说："不养孩子别说嘴！"我妈应该是藏了后半句话——说嘴就"打脸"！

## "打脸"现场一

小张小时候酷爱小汽车玩具。我十分惧怕逛商店，因为他看到小汽车玩具真的走不动路。我答应了他每次出门最多买一辆，但是架不住经常出门，以致家里"豪车"无数。

在一次出门前，我们说好不买东西，但是到了现场他又非买不可。老张和小张都爆发了，一个大吼大叫，一个大哭大闹。我走过去，一脚把小张踹飞？并没有，我想一脚把老张踹飞！我极力地安慰小张，抱着他。

我觉得一个在公共场合对孩子大吼大叫的爸爸太差劲了。孩子看到心爱的小汽车和女人看到喜爱的衣服一样，这种诱惑很难抵御吧？

只有当妈的人才知道，**孩子那么小，哭是他表达需求的主要方式。**两三岁的孩子还不太懂得控制情绪，大人的吼叫、讲道理只能让他们更疯狂地哭闹。所以这时我们把孩子抱走就好了，等回家平静了再说。

"把孩子踹飞"这种没素质的话，我好像并没有说过。

## "打脸"现场二

有一年国庆节的时候，我们带吉米出去玩。可能因为冷热变化太快，或者吃得不太舒服，他在高铁上突然发烧了。小孩子不装病，他因为难受一直哭闹不止。

　　我抱着他不停地走，走到车厢连接处，避免打搅到别人。
我早就发现了，即便我是他妈，他要哭要
闹这事儿，我也真没办法。

　　但是可能有人不理解，一位大叔说："你
能不能别让他哭了，他哭了一路，吵到别人了
你不知道吗？"

　　这个大叔激怒了我，但是我很冷静地
说："请问您，我应该怎么不让他哭？"

　　"你是他妈你都不知道，我怎么知道！"

　　"那您可以问问您的母亲。"

　　"哎，你这人怎么骂人呀！你是他妈，孩子哭成这样，你是
怎么当妈的！"

　　争吵没什么意义。

　　我现在出门坐高铁、坐飞机，会因为客舱里没有哭闹不止
的孩子而默默开心。但是如果有，我也觉得很正常。

　　遇到这种情况，大部分妈妈都会尽力哄的，但是很多时候，
孩子渴了、困了、饿了、拉了、尿了、难受了、想说话了，都
会哭的。防不胜防！

## "打脸"现场三

十几年前我看《家有儿女》，就特别喜欢刘星，觉得这男孩太有意思了，要是我家里有这么一个孩子得多逗呀，每天都和演电影似的。

在我众多的"碎碎念"中，老天爷没有听到那些关键的、精髓的部分，但是把这段听了进去，并且满足了我的愿望！

我曾经那些"不写作业，你敢！""不练钢琴，揍扁你！"的前半句都实现了，后半句我都尿了。啪啪啪啪，"打脸"。

有一次，出差在外的我和小张视频，他在向我表达思念之情时，突然愁眉苦脸地说："妈妈，你知道吗？我刚刚在写魏老师布置的作业时，写着写着突然头特别疼。"

这种一写作业就头疼的"病"，得慢慢治疗，着急也没用。

家里偶尔上演"武打片"不是不可以，但是得看效果。效果不好，就得换"言情片"、"思想教育片"。有的孩子油盐不进，就得小火慢慢"炖"。

教育孩子，真没有什么"就得
这样"。

　　"我是你妈，你就得怎么样"
这事儿，属于我之前不成熟的
幻想。

　　啪啪啪啪啪啪！

## 大型"打脸"现场

　　"打脸"不是就"打"一次，是那种反反复复地，啪啪"打脸"。

　　孩子三岁之前，我的想法是，我要给孩子爱与自由。你们
这些让孩子学这么多东西的妈妈就是神经病，拔苗助长！我可
不能做这样的妈妈。我要给孩子一个纯粹的、快乐的，每天就
是玩的童年。

　　要不要买学区房？我才不买呢！我不能放弃我在朝阳区有
石榴树的家，因为有爱的地方就是最好的地方，家里的书房就
是最好的学区房。我不要去住"老破小"。

　　孩子五岁了，我的想法是，唉，我不会是生了一个傻子吧！
怎么什么都不会呀？人家谁谁谁都会啥啥啥了。这都要上学了，
可怎么办呀！

朝阳区没有好初中呀，初中太关键了，我得去买学区房。西城还是海淀呢？分析、分析、分析，西城更适合我们。买！

## "打脸"又何妨

当妈后我就不停地被"打脸"。打没当妈时自己的脸，打孩子小的时候自己的脸，甚至就打昨天自己的脸。"不养孩子别说嘴"，我妈简直太有智慧了。

养了孩子我才知道，好多时候口是心非、变来变去，是因为孩子在长大，我们也要成长；事情在变化，是因为我们在成年人的世界里很多时候就是身不由己，不能苛求。

每个阶段,我们的认知都不一样。所以我们只有抱团儿成长，才能让自己的眼界更开阔。

# "精分"派老母亲自救宝典

---

与其我"精分"，不如让他几分。

---

我经常陪小张阅读，有一个月学校的必读书目里有《十万个为什么》。

现在的书编得不错，第一课就探讨了一个生命科学和哲学的经典问题——人从哪里来？当我们一起读到"数以亿计的精子逆流而上，只有十几个能够冲过重重阻碍，最后只有一个最幸运的精子可以和卵子结合……"

我以为小张会对一些专有名词和技术细节深入探究，摩拳擦掌地准备把我毕生所学传授给他，但是他并没有。

他轻轻地叹了一口气，幽幽地说："唉，我当时要是第二名，

现在就不用在这儿阅读了。"

这就是孩子的"脑回路",除了不学习怎样都行!

有一段时间,小张颇不待见我,觉得我蛮横。刚刚还"慈母手中线"呢,一陪写作业说学习,我就"游子身上踢"了。

那一段时间,老张和我的关系也颇为紧张。

为什么?

他在股市的"绿化地"里深耕,越耕越绿,绿出天际。我说你别瞎造咱们家的金钱了。他总是用他自称技术型炒股的唯一理论"触底反弹"来狡辩,让我不要乱了军心,说冬天来了,春天还会远吗?

我不懂什么炒股理论,但我的地理学得不错。我知道从天到地,并不是底。在地上挖坑,一直可以挖到距离地表几千米的地方。所以底在哪儿?在哪儿?!

我每天闹腾,他终于在高人出手之前的那个周五,清仓了。

他应该很想和我离婚吧。

在我看来，养孩子和炒股一样，让人惊吓不断，完全不按常理出牌。赔钱时，人就焦躁不安，着急上火，骂骂咧咧；但是赚点儿钱就又美得不行，觉得自己简直是股神，太有眼光了。

陪孩子写作业，老母亲大部分时候会被气得半死，又踢凳子又挠墙，觉得自己生了个傻子；但是孩子稍微有一点儿成绩，老母亲就神清气爽，觉得我们家孩子就是牛，所有付出都是值得的。

我最近经常在夜深人静的时候思考。虽然老母亲含辛茹苦，但情绪总这么大起大落也是招人讨厌。我成天大吼大叫，也没见小张学习的效率更高，弹琴的兴趣更大。孩子没有人给他托底，还得靠当娘的自己反思。

如果老母亲分门派，我一定是"精分"派的。

说实话，我这个门派的老母亲，"鸡血"派的看不上，觉得我付出得不够多，不够拼。"佛系"派的也看不上，觉得我不会做减法，不顺其自然。人家孩子一直很稳定，是你情绪不稳定，总是"搞事情"。

我就想不通了，如果你的孩子一直很稳定地保持在班里倒数前五名，我就不信你的情绪能很稳定！

在到底应该怎么和孩子相处，怎么说他才能听，怎么做我才能不疯的自救道路上，我通过不断学习、摸索，以及和各派妈妈不断切磋，与各路专家不断交流，总结出了一些自救手段，如今拱手相送。

## 做人不能贪得无厌，
## 做妈更不能

有一天，我陪着小张练琴，说好了练三十分钟，练完就可以玩了。但是我觉得有一首曲子他弹得不好，应该再多练两遍。结果就因为这两遍，小张又哭得"凄凄惨惨戚戚"。他用了大概二十分钟质问我为什么要练琴，控诉我对他的不公待遇，弟弟为什么不用练琴。我真的不得不恢复我的"狮吼功"。

他练完琴后，我只是建议了一下，能不能把当天的阅读计划完成，结果我就像捅了马蜂窝。小张绝对有接班马景涛的潜质！

"佛系"妈妈告诉我："你犯了教育孩子的一个大忌，那就是贪得无厌，过犹不及。如果你告诉孩子弹完琴就可以玩，那么孩子弹完了，你就应该让他玩，而不是又给他布置额外的作业。"

"可是他明明一会儿就可以做完，做完了再去玩也可以呀。"

"不可以。你想想，如果老张说，你擦完所有的地就可以给你买个包，你擦完了，他又说再把所有的碗刷了。你怎么想？你会想，他会不会等我把碗刷了，又让我去把所有的衣服洗了？你会想去刷碗吗？你以后还有动力擦地吗？"

嗯，有道理！

## 总是拿自己家孩子和别人家孩子比是"恶法"

国庆节之前，上一年级的小张迎来了他人生中的第一次考试。当然，现在不叫考试，叫"三科闯关"。我并没有死乞白赖地问他考试结果，因为我想先好好地休个假。他的闯关成绩是他主动告诉我的。

"妈妈，我的语文其实是可以得100分的，但是我有两个拼音写得不是特别完美，不应该拐弯的我拐弯了。

"数学其实我也可以考得更好的。有道大题我做错了，扣了8分。那道题我都没太看懂题意，一会儿左边一会儿右边的，我有点儿晕了。我们班好多人那道题都做错了。

"妈妈你知道吗？我们班还有得40多分的呢。

"我英语得100分，我们班没有几个人得100分。"

其实我听到小张的英语得100分还是挺高兴的，但是我脱口而出的是："你们班几个得300分的，几个得200分的？为什么你学过的东西还会错？别人怎么能全对？"

我的确有点儿太讨厌了。我小时候特别讨厌我妈说，你看谁家的那谁怎么样。可是当了妈之后我才了解，不比不可能，太泯灭天性了。但是可以鼓励着比，小张其实自己也在比，不过很显然，他比的就艺术得多。

**给孩子信任，让孩子有信心，是未来长治久安的根基。**

## 总和孩子说 "不要怎样"
## 不如告诉他们 "要怎样"

心理学家告诉我，人类大脑对于"不要怎样"的说法，是会自动屏蔽掉"不"，而牢牢记住后边那些话的。

这个事儿我真是知道得晚了！

我总说"不要一回家就知道玩"，结果小张一回家就玩；我总说"不要磨蹭，别一件事儿没干完就又跑去干别的"，结果他写三分钟作业，说五分钟话，逗十分钟弟弟，拉十五分种屁屁。

一位美国的心理学家曾经做过一个试验：让十个六七岁的孩子从几十米外拿一瓶香槟酒朝对面的父母走过去。

第一次，父母大声叫喊"不要摔碎了！不要摔碎了！"不停地去提醒孩子们。结果有超过一半的孩子半路把瓶子摔了，没能把酒送到父母手里。

第二次，父母大声叫喊"拿住了！攥紧了！"给出明确的指令。结果几乎所有的孩子都把酒送到了父母手中。

所以，一天到晚对孩子说"不，不，不"的我，简直是给孩子施了"催眠术"。

让他只记得"不"后边的东西，适得其反。

看，老母亲又错了。

## 教育孩子是一个唯心的过程，
## 要去发现未知，忽略已知

这句话我奉若宝典。

专家说了，你的孩子慢、磨蹭，你不要总是说他磨蹭，并为此焦虑。你应该看到的是，他有巨大的可以提升效率的空间！

你就说吧，励志不励志？要不怎么说人家是专家，我听了之后，简直宛若新生！

我没有赶上"触底反弹"的股票，但是我也许赶上了"触底反弹"的孩子。在我潜心修行，不断自救的这些日子里，家里的氛围果然好了很多。

小张的英语凑合，但是对数学兴趣不大。我不再逼迫他做某"网红"数学思维书，而是翻出了朋友曾经送的一套国外数学教材。此教材数学内容无比简单，英文部分也基本可以看图理解。小张觉得自己连国外的数学教材都能驾驭，自信心徒然上升，每天要求练习，沉迷于 10 以内加减法不能自拔。

我不再说"不要一回家就知道玩"，而是交代他七点钟之前，只需要把作业做完。当然，我老谋深算地把网课给他安排在了五点半。

我也尽量让自己更多地去发现未知，因为从目前看来，他的确可能是一个潜力被深埋在脚后跟的孩子，需要耐心挖掘。

　　老天让这样一个孩子力拔头筹，战胜他亿万个兄弟姐妹，把他分到我家。无论是为了锻炼他，还是为了磨炼我，都自有深意。与其我"精分"，不如让他几分。

　　这世间唯有父母对子女之爱最终指向别离，所以在他依赖我的这些日子里，何不好好相处？

# 第二部分

# 与娃斗，其乐无穷

中年老母亲的刚需是什么？看学校作业，看补习班作业，看兴趣班作业。

# 出来混总是要还的，
# 小男孩总是很让人烦的

> 我曾经以为我拯救了银河系，现在看来，
> 我也许是得罪了银河系。

我曾经以为我生了一个特别不一样的小男孩。这个小男孩温和、懂事、嘴甜、体贴。他觉得妈妈是这个世界上最好的妈妈。

他曾经在妈妈要出门的时候张开小手，尽自己最大的努力把妈妈抱在怀里。

他哭喊着不让妈妈出门，不停地说："妈妈我爱你，妈妈我爱你。"

他在妈妈出门之后，会趴在落地窗边。妈妈走出很远了，

回头看，依然可以看到一个小脑袋在窗边，小手使劲地挥着。

晚上妈妈下班了，打开门，就发现一个小人儿安静地坐在门口等她。小人儿因为兴奋，小屁股不停地颠着，笑得只见眉毛不见眼。

那个时候，这个小男孩快两岁了。

他只想让妈妈陪他睡。一天夜里，他醒来发现身边的人不是妈妈，大哭，抱着他的小枕头，跑到了妈妈的床边。

妈妈说："我感冒了，会把病毒传染给你的，不能陪你睡了。"

小孩只穿着小背心和小内裤，又跑到另外一个房间，花了很大力气，终于让睡得异常香甜、根本不知道他跑走的爸爸醒来了。他让爸爸帮他找到了一个口罩。他去医院都不愿意戴的，但是现在他戴上了。

他跑回妈妈的房间，轻轻地搂住了妈妈的胖胳膊。

那个时候，这个小男孩快三岁了。

他感染轮状病毒，又拉又吐，发高烧。爸爸出差了，一大早奶奶还没有来。

他说："妈妈，我想吐。"

妈妈立刻抱起他，但是还是没来得及，他吐在了床上。妈妈其实没有想怪他，但是照顾了他一晚上的妈妈也许太累了，也许还是怪他了："你再想吐一定要提前和妈妈说，不能要吐了再说，好吗？吐得床上到处都是，真的很难清理。"

妈妈把他抱到了另外的房间，开始换床单、被罩。把一切都弄好后，妈妈发现，他并没有在另外房间的床上，而是静静地躺在门厅的地垫上。

他说："妈妈，我还是别躺在床上了，躺在地上，再吐也没事儿。妈妈，我爱你。"

那个时候，这个小男孩快四岁了。

他爸爸问他："你说，如果以后你老婆不干活，活都让你妈干，你怎么办？"

"那就我干呗！"

他爸爸又问他："那你说，如果以后你老婆不听你妈妈的，你说她什么？"

"说什么呀，我不管这事儿！"

"你说，你妈这么懒，也不运动，这儿疼那儿疼的，要是老了，动不了了，怎么办？"

"那我和你一起照顾她，她生了我，无论什么时候，我都得照顾她。"

那个时候，这个小男孩快五岁了。

他是一个完美的小男孩，是不是？他会在妈妈出差时的夜晚一次一次地出门，想把妈妈接回来。他会在和妈妈视频时，拼命地想钻进屏幕，摸摸妈妈。他的爸爸指着因为怀孕而身材臃肿的他的妈妈说："看，一只河马。"他温柔地走过去，轻轻地从身后抱了抱他的妈妈："我的妈妈是美人鱼。"

而他就是七岁之前的小张。

我就是那个曾经以为自己拯救了银河系，生了一个与众不同的儿子的老母亲。然而，步入七岁的小张让我认识到，他的讨人嫌只是比一些男孩子来得稍微晚了一些。但是该来的，总会来。

他变得非常有主意，固执，完全听不进别人的意见。你说点儿什

么，他都梗着小脖子有一百句话等着你。我一说他，他就反驳我。有的时候我说得多了，他竟然会回我："你有毛病呀！"

小时候的甜言蜜语统统变成强词夺理。别说学习，一说学习他就心情不好。

我善意提醒："你能写作业了吗？"

他必然像小斗鸡一样："我都上一天学了，我不累吗？玩会儿怎么了！"

有一次考试，我因为出差，就让老张带着他复习。果然，数学考得不好，错了三道题。

一道题是算盘上显示出13，问写作什么，读作什么。答案是写作"13"，读作"十三"。应该是老张和他在复习时，把这个知识点"吃"掉了，他自己上课时，恐怕也没好好听。所以他写反了。

我只是说："你看这道大题，你一分没得，完全就是因为这个知识点没掌握。"

他表现得很不在乎："我不会，这个我当时就是不会，能怎么办？以后会了，不就得了。"

还有一道选择题，算出来的数字是 9，选 C。结果他直接在括号里写了 9。

我说："你看，这题多可惜，你怎么不看清题目呢？还是得更细心。"

他表示："这道题，我会，知识会就可以了，不用管其他的。"

另外一道题，他很显然没有看清题目，题目问"73 是由几个 1 和几个 10 组成的"。他看成了几个 10，几个 1，结果数字填反了。我还没说话呢，他就说："这道题我就是马虎了。"

我实在忍不住了，吼起来："别总是拿马虎说事儿，你就是知识点掌握得不牢固。你写'1+1=2'这道题怎么不马虎呢？"

"'1+1=2'我会，是因为我不傻！"

"你应该达到班里的平均水平，你看你这次考的！"

"我为什么要和别人比，我就和自己比！"

"你上次三门都考 100 分，这次考什么样你不知道吗？"

"我上次三门都 100 分，照你说的，我以后就只有退步了？我只要努力就可以了，考多少分无所谓！"

"这样的题你都错，你上课到底有没有听讲？"

"错，错怎么了！错有罪吗？"

错有罪吗？这时，我听到了老张的笑声。

现在一岁两个月的吉米除去"爸爸""妈妈"和"阿姨"外，什么话都不会说。但是包括我婆婆在内的那么喜欢说"谁家的小孩多大就会说话"的人，都绝口不提吉米还不会说话的事儿。我们都觉得，男孩子，话少点儿挺好的。

我曾经以为我拯救了银河系，现在看来，我也许是得罪了银河系。

我刚结婚的时候天真地以为，未来的日子老张会为我挡风遮雨，结果结婚十几年发现我的风雨都是他给我带来的。未来的十几年，我的风雨应该都是小张给我带来的。

有一次我碰到一个很久未见的朋友。

她问我："你怎么样？怎么瘦了这么多？"

我说："最近挺累的。我说什么，孩子都回嘴，七八岁的小男孩太难搞了。"

她安慰我："你晓得吧？男孩比女孩晚熟，起码晚了一两岁。所以低年级的时候，不要指望小男孩懂事。三年级，怎么也要三年级以后，不过，嗯……有的三年级以后也不行，要到初中……也不一定，有的可能到高中依然很不省心。我告诉你啊，我爸爸每次安慰我时都说：'要有耐心，你弟弟上大学还特别不懂事呢。总归嘛，他结婚了一定就好了，反正也不用你管了。'哈哈哈哈。"

她在我心上插了无数把刀。

后来我听了一句话，一个男人真正变得成熟、有责任感是在他有了孙辈之后。我不知道能不能活到那一天。

我试图缓解和小张的关系，每天虚心求教各种专家，正打算听的一个名叫"你一说孩子，他就反驳你怎么办？"的课，希望专家的答案不是——正常，忍着。

# 孩子都是好演员，
# 生活欠他们一座"奥斯卡"

"演技好"的孩子一般观察能力、语言表达能力和心理素质都比较强。

二〇一九年七月中旬，小张问我："妈妈，你什么时候去意大利？"

我说："二十九号。"

他立刻眼含泪水："妈妈，还有不到十天你就要走了。我会想你的。"

我表示："好的，我知道了。你玩一天了，麻烦把暑假作业写一下。"

他立刻泪如雨下："妈妈，我心情这么不好，你还让我写作业？"说完，他就默默蜷缩到沙发的一角，小声哭泣。

我当时竟然有那么一丝自责。我自己出去玩不带他，在他心情不好时还让他写作业，是不是太过分了？

我柔声细语地问他："你怎么才能开心一点儿呢？"

他立刻收声，擦干眼泪："妈妈，我觉得如果你现在让我出去骑自行车，我的心情就会好一些。"

戏太足了，我这个"千年的老妖"竟然都被带入戏了。

## 考验演技的第一大指标——台词

我发现很多小孩的台词功底都非常深厚。小张尤其是。

让他们练琴、写作业的时候，不允许他们看电视的时候，他们引经据典，旁征博引，动之以情，晓之以理，经常把老母亲说得哑口无言、虚火上升，恨不得"武动"双手。而且他们好像永远都是对的，错的都是别人。他们反应极快，经常给"吃瓜群众""惊喜"，让老父亲、老母亲无言以对。

比如，我批评小张为什么做错题时，他悲愤地说："错，错怎么了，错有罪吗？"我就无言以对了。

小孩的台词功底秒杀流量小生、小花和资深明星，基本可以用情真意切、随机应变来形容。

## 考验演技的第二大指标——哭戏

哭戏要有感染力，表情管理要到位，甚至这眼泪什么时候掉下来都是有讲究的。

小张的哭戏虽然来得快，但是稍显直白。他的弟弟吉米就更胜一筹。

因为是家里的老二，吉米更会察言观色。在被哥哥欺负时，他一般会观察一下四周情况。如果我们及时出手，他一般只会干号两声；如果我们没人理他，那么他就会撇着嘴，似哭非哭，小眼睛扫来扫去，像是在寻找"最佳机位"，其实是在纳闷：为啥大人还不管管哥哥啊！等我们终于出声，他才张开大嘴，"哇"地号出声来。

这段教科书一般的哭戏，肯定会让一众流量小生、小花都自愧不是他的对手。我们从吉米的哭中看到了无奈、悲愤，以及对命运的抗争。而且小孩的哭戏都是收放自如的，说来就来，说停就停——真是天生的"戏精"。

## 考验演技第三大指标——内心戏

不用台词，一个眼神，一个表情，一个动作，我们也可以看出演员的喜悦、愤怒、痛苦或者内心的挣扎。

我们经常说的"老戏骨"，他只需要看你一眼，你就会觉得心都碎了。

我发现，小孩就有这个本领。

小张用彩窗磁力片搭了一个很高的塔，老张怂恿在一边看着的吉米："小吉，去推倒它！"

小张立刻发出警告："他试试！"

当时吉米的小眼神，饱含着那种想要去搞破坏的兴奋和被

哥哥呵斥的忌惮，我都看懂了。

　　小孩完美演绎什么是"塑料兄弟姐妹情"。前一秒钟他们还"兄道友，弟道恭"，后一秒钟就因为弟弟踢倒了哥哥的乐高，哥哥抢走了弟弟的玩具而大打出手，大哭不止，真是完美切换。简直是哭戏、台词、肢体语言大比拼。

　　每天对着"戏精"一样的孩子，老母亲们经常是错乱的。有时候我们被他们的演技征服了——

　　算了，少练一会儿吧；

　　算了，不去不就去吧；

　　算了，就买给他吧；

　　算了，他可能真的身体不太舒服；

　　…………

　　但是，被骗的次数多了，我们也会变得聪明，不为任何台词、哭戏、内心戏所蒙骗——

　　不行，必须练；

　　不行，去也得去，不去也得去；

　　不行，绝对不能再买了；

　　不行，你怎么一学习就头疼！

　　……………

　　我在意大利的时候，和两个孩子视频。小张非常刻意地抢镜头，把吉米挤出去。

　　我说："让妈妈看看吉米。"

　　小张说："吉米脸太大了，镜头放不下。妈妈，我爱你，我特别想你，我每天枕着你的枕头睡觉。"

　　我几乎被感动了。

　　然后他说："妈妈，你给我买什么礼物了？"

　　关于孩子爱演这件事儿，其实我们不需要急着去拆穿他们，更不需要觉得他们说谎或者不诚实。有的时候他们犯错了，各种推脱找借口，其实是一种自我保护。如果不是什么原则问题，我

们把道理讲清楚了，就可以了。

**"演技好"的孩子一般观察能力、语言表达能力和心理素质都比较强。**你想想，孩子会察言观色，还得让自己说的话有道理，面对我们给的压力还要不懈地对抗，也挺不容易的。

小宝宝各种没原因地哭闹，其实也是为了吸引大人注意。爱哭的孩子有奶吃，小孩的演技是天生的。所以成年人去电影学院学习，都得讲究释放天性，大概也是这个道理吧。

我从意大利回到家，在收拾完行李之后，困得头晕眼花，依然在睡死过去之前挣扎着问小张："这十几天作业写了吗？"

他说："妈妈，我太想你了，每天想你想得很伤心，根本没法写作业。"

他爹老张说："你终于回来了，都交给你了！"

所以我就是这样把时差倒过来的！

**中年老母亲不靠演技，靠实力。**

# 女子不难养，小男孩真难养！

> 男孩子的妈妈，不得不更心大一些，更
> 耐心一些，更忍得住"慢"，耐得住"差"。

我生了两个儿子，大部分人同情我都是因为我要准备两套房。但在养育男孩的日子里，我发现房价根本不值得吐槽。两套房什么的，那都不是事儿。因为我都不知道，我能不能活到需要给我儿子买房的那一天！

小张幼儿园毕业后的那年夏天，我做得最错的一件事，就是妇人之仁地让他提前放了暑假。

本来他们学校是八月中旬放暑假的。但是我想，他九月就上小学了，作为亲生母亲，我是不是应该提前让他放假，在家放松一下呢？尤其是夏天的北京在"蒸包子""煮饺子"和"烤串"儿模式下自由切换，我总觉得还让他上学，不是特别人道。

但这个世界就是这样，有时候你对别人人道，那就是对自己不人道。

我在家陪了他两天。但是整整两天，从早上起床到晚上睡觉，和一个七岁的男孩相处，我真的没能做到平心静气，我觉得我能不离不弃就已经是极限了。

## 男孩坐不住，是天生的！

一套口碑很好的数学教材的评论页面上，我看到小女孩妈妈们的留言："一套数学书让孩子做题做得停不下来。""孩子做题做得废寝忘食，一下子做了50页。"

我翻了翻书，觉得挺有趣，难度也还可以。我并没有很过分，一天只让他做20页。结果他还没做到10页，就开始不耐烦。他问："为什么暑假了还要做作业？我还没上学为什么要做作业？我就做10页行不行，15页行不行？"

原来，他对数字也是有敏感度的，我是不是应该对此感到高兴？

大部分男孩血液中多巴胺的分泌量要比女孩多，所以男孩天生坐不住，更好动。尤其是小的时候，男孩子总是抠抠这儿，弄弄那儿。在外边疯，白天不吃饭，晚上不睡觉，都是他们喜欢干的事儿。而且男孩的大脑额叶也比女孩的发育得慢，所以男孩小的时候自控力也比女孩差。

　　我只见过安安静静玩过家家的小女孩，没见过玩任何东西不上蹿下跳的小男孩。想让我儿子在桌子前踏踏实实地做数学题、弹钢琴，我这个老母亲都必须说更多的话，说到胸闷气喘，中暑症状明显！

　　说到弹琴，我都觉得一对一的老师没有多收男孩妈妈的钱真是仁义。同事家的小女孩和我家娃一样大，她每天坚持练一小时的琴，已经弹得行云流水了，而我们家娃依然保持着一弹琴就生无可恋、潸然泪下的传统。

## 男人不善表达， 听不懂话，
## 看不懂脸色， 从他们是个孩子开始就这样

科学研究表明,男孩妈妈的嗓门要比女孩妈妈的平均高一倍。你以为这是我们愿意的吗？！

我经常觉得我儿子的听力有问题。看电视的时候，我叫他吃饭，和他说话，他都像没听见一样。说点儿什么事儿，他动不动就哭了。我就不明白，有事儿说事儿呗，怎么那么脆弱！他相当不会看脸色，好像也听不懂我的话。我已经非常严肃地在说事儿了，脸色也已经很不好看了，可他还在嬉皮笑脸。

你说，我还怎么忍？能不吼？温柔而坚定，早忘一边儿去了！

我让他用点读笔看英文书。结果一本 *Peppa Pig and the Muddy Puddles*，点读笔五分钟就没换过地方，他就点在一个地方，反复地听。他倒是不喜欢听猪叫，他喜欢听猪哭！我甩脸色，

提醒他"够了，你听这个有什么用"，但是他就像没听到一样，笑得前仰后合，又听猪足足哭了五分钟！

我最近听了一个台湾女教授讲男性和女性大脑区别的讲座，豁然开朗，然后思考不知道老天要降什么大任给我，让我生了两个儿子！

人们都说男孩子的大脑发育得比女孩子慢，尤其在语言和情绪表达上。

为什么呢？

大脑有左右两个半球，管语言的部分在左半球，管情绪的部分在右半球。在两个半球之间有神经纤维组织，这个神经纤维组织叫作胼胝体。胼胝体像一座桥，女孩的这座桥宽，男孩的窄。宽的桥自然让语言和情绪的连接更快、更顺畅。

这就是很多人说女孩子贴心的原因。因为女孩天生就可以更好地用语言表达情绪。六七岁的女孩都可以和妈妈谈心了，而且女孩贴心、表达能力强、会说话这些特点会一直持续下去。而我儿子和我的沟通，要么是屎尿屁，要么就是给我发一张几百个人模糊的合影，让我把他找出来，找不出就是不爱他。这就是为什么当我们老了，人家有女儿的母亲可以和女儿聊天聊几个小时，而我们的儿子回来后，只有三句话：

"妈，我回来了。"

"妈，我吃饭了。"

"妈，我走了。"

当然，他们对爸爸说的话会更少，只有"爸，我妈呢？"

还有一点更为重要，女孩对于表情的判断要比男孩快千分之二十秒。这就解释了为什么女孩已经看出"哦，妈妈生气了，我这样做是不是不对？ stop！"时，男孩还是一副事不关己、与我无关的样子。

## 小男孩为什么总能打起来

两个小女孩在一起，妈妈们可以喝茶、聊天；两个小男孩在一起，妈妈们需要随时拉架。

朋友聚会的时候，人家小女孩两个三个的，玩游戏、看书，甚至可以聊天。

　　但是几个小男孩见面的样子却并没有那么美好。他们先是谁也不理谁，各玩各的，然后就是因为什么事情谈不来，开始推推搡搡，"武动"双手。一起玩的时候就是各种追跑打闹，呜嗷乱叫，扭作一团。老母亲们都不敢掉以轻心，要确保事态在可以控制的范围内。

　　小男孩从小破坏性强，主要是睾丸素在作怪。好斗大概是小男生、大男人甚至老头儿，都会有的状态吧！而且我觉得小男孩更可笑的一点就是，他们开始在一起玩的时候对对方各种不屑一顾，就像大酸梨一样，到快分手时，又都小眼睛泛红地舍不得分开。

　　男人，在表达感情这个问题上从小就很幼稚！

　　《苏氏家语》里说：孔子家儿不知骂，曾子家儿不知怒，所以然者，生而善教也。但是你有没有想过，也许人家孔子、曾子家的孩子都不是"熊孩子"呀！

妈妈温柔、耐心地说："学习这些东西是有用的。"女孩子们大多能听进去。而很多男孩子，他的世界里没有"有用没用"，只有"有趣"还是"无趣"。能给他带来快乐的东西，他就喜欢，就像小猪乔治的哭声一样，因为有趣，所以反复地听。

这也许是孩子的天性。男孩因为发育得慢一些，这些天性的东西就释放得更彻底，维持得更长久。所以老母亲们会觉得和他们沟通起来更艰难。但是，命运如此安排，让人无奈，又有它的精彩。

养男孩的妈妈必须且只能更心大一些——已经这样了，能怎么办呢！对于不断挑战老母亲底线的男孩子，我们的教育是应该更严厉，还是应该更宽松呢？为了让自己更坚强地活下去，我最近看了好多心理学的书。一个，不，两个男孩子的妈妈，不得不更心大一些，更耐心一些，更忍得住"慢"，耐得住"差"。

女孩很容易养成的习惯、懂得的道理，男孩却需要更长的时间来养成和消化，这是大脑结构决定的，不能怪他们。而且，只要我们坚强地熬下去，就会发现他们也不是完全没有优点。

男孩一般比较心大，比较乐观。这也解释了夫妻俩吵架时，为什么我们还气得胃痛，而"猪队友"已经呼噜打得像猪叫了。

　　所以心大，也是好事儿。虽然我听我儿子说"我考得很不错，后边还有好几个人比我差"的时候，依然抑制不住地窝火！

　　如果你的儿子完全不是这样，他贴心、可人，热爱数学，那么请你偷偷笑笑就好，毕竟还有那么多姐妹在受苦，笑得太大声，你会没有朋友的。当然，你也可以告诉我，你的女儿也不是省油的灯，你每天和她斗智斗勇导致自己脱发严重。

　　这是中年妇女之间维持"塑料友谊"的秘籍。我们相互扶持，共同期盼和谐的晚年！

# 儿行千里母担忧，
# 儿在跟前母想抽

> 亲妈，爱你是真的，嫌你也是真的，毫不掩饰！

暑假真是考验亲情。有一年夏天，已经去东北避暑一个月之久的公婆表示："北京太热了，一热我们就闹病儿。东北老凉快儿了，我们不想回去。"

我爸来我家看了几天老大，孩子变着法儿磨叽，搞得他不舒坦，他也听不得我大呼小叫，所以干脆"跑路"了。

以好脾气闻名十里八乡的我妈来帮我看孩子，待了几天，表示："不行，不行，没养过男孩。怎么这么烦？怎么能这么烦！"

临走时，她还不忘补刀："哼，你等着吧，你家吉米也不是什么省油的灯！"

未来这半个月怎么办，我和老张商量，轮流休假。

老张就是这点好，他从来不觉得看孩子有多累。不是他多能干，主要是他看得少，不了解内情。他勇敢地提出："我带老大出去玩一个礼拜吧。小男孩就该出去疯，在家待着他不停地闹腾，更难带。"

好呀！这个主意真好。老大在家，我分分钟有把他一巴掌扇飞的冲动。老张带他出去玩，我的世界从此与众不同。

老母亲开始迫不及待地为儿准备行装。驱蚊贴、防蚊药、创可贴放在一起；治拉肚子的药、缓解鼻塞的药、退烧药也带着，以防万一；内衣、内裤、睡衣、泳衣放在一个袋子；我还把小张每天要穿的衣服分成一套套单独装着，并且特别嘱咐：

"老张，记住了，装在一个袋子里的衣服才可以穿在一起。别穿混了，纯色的 T 恤搭配花裤子；花 T 恤只能搭配纯色的裤子。还有呀，那个颜色……算了，我还是不要要求那么多了。

"下周那边特别热，是特别热哟。记得带伞，一定要给他涂防晒霜、戴帽子，要少给他吃肉，多给他吃菜，还有必须要多给他喝水。最最最重要的，就是你这次带着孩子又是坐飞机又是坐火车，一定记得要拉好孩子，不能让孩子在你身后走，也不能就顾着拎箱子，不记得领孩子……

"这是你第一次单独带着孩子去旅行，你行不行呀？"

"我行不行的，你跟着吗？"

老张求生的欲望总显得不那么强烈。

出发那天，他们搭乘的是最早的一班航班。我本来困得起不来，但是想想，不送送心里还是不踏实。在出租车上，小张流着泪说："妈妈，我舍不得留你在北京。"

我飞快地接话："那你别走了，留下来陪着我呗。"

他立刻擦干眼泪，一副"你说的是什么？和我有关系吗？慢走不送"的表情。

一路到了安检口，我的感情酝酿到了高潮，他可从来没有离开过我去旅行呢！结果当我要俯身去拥抱他时，他竟然欢快地、迫不及待地冲进去了。老张实在看不下去，给了已经张开双臂、尴尬不已的我一个礼节性的拥抱。

暑期出行到处是人，又热又燥，而且那段时间全国雨水都多。虽然是亲爹带着，我还是觉得不靠谱、不放心。我隔三岔五地就给老张发个微信。

"在干吗呀？人多不多？热不热？别离广告牌子太近。"

"去哪儿玩了？孩子开心吗？晚上吃什么？多喝水。"

我知道这些都是废话，但是不问心里就不踏实。

老张半天不回，我就开始胡思乱想，质问他："为什么不回？你不知道我不放心吗？"他要是立刻回，我就骂他："怎么不好好看孩子？就知道玩手机。"

我让他给我发点儿孩子的照片。我一看，简直要吐血。我明明搭配好的衣服，怎么会搞成这样？！红碎花的 T 恤配蓝碎花的裤子，一眼看过去跟色盲测试图似的！这还是我玉树临风、英俊潇洒的儿子吗？他亲爸给他穿成这样，他亲妈知道吗？

老张说，到了就把衣服挂起来了，好多衣服在眼前，就乱了。

你看你看，我不跟着怎么行？

小张不在家，我晚上不用看作业，也不用催练琴。阿姨带吉米睡得早，不到八点半家里就没声儿了。第一天我还得意地笑，觉得这日子不要太爽，后来就觉得没人吼，没人叫，闲得"五脊六兽"，心里竟然空落落的！

我一张一张地翻看小张小时候的照片，一边看，一边傻笑。他小时候真可爱，毛茸茸的。

我完全忘记了他在家时所有的鸡飞狗跳，竟然觉得，他就是一个完美小孩。这才没几天，我真有点儿不习惯，开始无比想念他了。

我有一个朋友，十八岁就来北京上大学，到如今，离开家也十多年了。他妈没微信时，天天给他发短信，隔三岔五地打电话。有了微信以后，他妈每天早上五点就给他发各种表情包问好，白天嘱咐他按时吃饭，天气不好嘱咐他小心开车，晚上有饭局嘱咐他少喝酒，临睡前给他发第二天北京的天气预报。

他是三十多岁的社会人了，长得五大三粗，不折不扣的情场浪子。他妈还总觉得他单纯、重感情，一天到晚担心他被骗了。

但他说，他每年春节回家最多待五六天。

大年三十到家，他妈见他像见到了宝，好吃好喝、好言好语相待。他爸就多说几句"别总打游戏，年轻人还是要多学习"，他妈就骂他爸，说儿子都累成啥样了，学什么呀。

大年初一基本和睦。

大年初二一早，他妈就开始嫌他起得晚。

大年初三，他妈唠叨他屋子乱，就知道玩手机，不知道和长辈聊天，这么多年书白读了。

大年初四，他妈看到他已经气不打一处来了，觉得他怎么这么不上进，谁谁家的小谁在北京买房了，孩子都两岁了，他

连个正经女朋友都没有。

大年初五，吃完破五的饺子，他准备回京时，白天还臭骂他的老母亲，又开始泪眼婆娑地担心起他在北京的日子。

**亲妈，爱你是真的，嫌你也是真的，毫不掩饰！**

老张和小张到家的那天晚上，听着小张清脆地喊着妈妈，我的一颗心才算是放下。在小张吃好喝好休息好之后，我温柔而坚定地提醒他："儿啊，明天钢琴老师就来了，你出去玩了快一周了，是不是该上点心，练练琴了？"

于是，连续剧无缝对接地又开播了。

小演员立刻眼泪汪汪，如泣如诉："我本来还想在成都多玩几天的，就因为周五学校要上学前教育课，我才回来的。我都回来上课了，你还不满足呀。我这几天这么累、这么热，你不让我歇歇呀。"

唉，这才是生活本来的样子。**看不见时想得心疼，看得见时气得肝疼。**

# 妈妈们别再吐槽儿子了，
# 他们真的也有很多好处

> 男孩一定还有很多好处，只是我暂时还
> 没有挖掘出来！我一定要深挖！

前几年有一阵子，老大的学前班还在放假，为了不让他在家"兴风作浪"，我带他出门去玩。可能在学校里刚学了环保知识，他坚持不让我打车，说尾气和放屁最容易增加空气中二氧化碳的含量了。我只好带着他在呼呼的北风中走到地铁站。

那会儿刚过完年，还没到正月十五，很多人还没回北京，地铁里人不太多，气氛轻松和谐。

为了安抚老大这个"总怕坐过站患者"，我只好一站一站地报站名，并告知还有几站才到。不然这个小朋友就像屁股上长钉儿，每到一站就腾地站起来问："妈妈到哪儿了？"

突然，我眼前一道黑影闪过，速度之快，难以言表。一位妇女一把夺过一个站在门口的小哥手里的绿茶瓶子，而瓶子里还有一点儿饮料没喝完。小哥一定想到过有抢钱的、抢手机的，没预料到还有抢瓶子的，所以张着大嘴。

妇女说："我儿子要尿了，用一下哈。"然后又凌波微步一样地"飞"走了。

我朝黑影望去，她已经动作熟练地给她看起来五六岁的儿子接尿了。全程隐私保护得非常好，什么也看不到。接完后，她仿佛想起了什么，又嗖地"飞"向还张着大嘴的小哥，夺过了他另外一只手里的瓶盖。

真的，女孩的父母体会不了，这种在地铁上或者马路上孩子尿急的时候，一个矿泉水瓶就能解决问题的轻松感。

好处远不止这些，在孩子三四岁不穿纸尿裤，但是还会尿床的年纪，生个男孩，他说想尿尿，你只需要给他一个纸杯就可以了。而女孩，你就必须或领着，或抱着，带着她去卫生间。冷天，你还得给她披件衣服。总之，麻烦死了。

还有，当你们一家在一个极有情调的饭馆吃饭，你儿子突然说："我要拉屎！"

这时，你可以优雅地和你老公说："你去！"

男孩子嘛，去女厕总是不好的。

据科学（八卦）统计，男孩的妈妈比女孩的妈妈每天早上可以至少多睡半小时。原因很简单，男孩子，从你把他从床上拖起来到洗漱完毕，也就五分钟。而你们的美姑娘，光梳一个让"小主"满意的发型就至少要二十分钟吧。

一个养着两个美姑娘的妈

说："你养儿子的不知道，要在人前显得自己和女儿都美美的，我们背后不知道有多艰辛。经常是自己要迟到了，还得给她挑衣服、梳头。"

女儿不是嫌选的衣服颜色不对、样子不好，就是觉得头发梳得不合心意。你好不容易把她伺候好了，自己还披散着头发，穿着睡衣，脸都没洗。所以，冷暖自知呀。

生个女儿，你总会比较在意她长得漂亮不漂亮。不漂亮吧，你会担心自己辛辛苦苦种的白菜没有猪来拱；太漂亮吧，你又担心早早地就有一群猪惦记着拱你的白菜。

生儿子就不会有这些烦恼了。不好看，没关系呀，可以有钱有才华。好看，更好呀，总不是坏事。不好看，没有钱，也没有才华，那也不用着急。你要相信，你儿子会和你老公一样幸运。一定会有一个像你一样完美的女孩，在某个时间段脑子短路了，看上他。唯一的问题是，他的丈母娘可能会更聪明一些，因为毕竟很难再瞎一次。

很多小女生都有公主梦。和几个生女儿的妈聊天，她们都希望迪士尼少出几个公主相关主题的动画片，否则出一部，她们就要去买一套戏服，还要搭配手杖和皇冠。家里的衣柜就像摄影工作室的衣柜一样，相当浮夸！

真是很有趣，大部分男孩都没有王子梦。给男孩买衣服，夏天——T恤衫、短裤，秋天——T恤衫、外套、长裤，冬天——T恤衫、外套、羽绒服、长裤，春天——重复秋天。

妈妈说，So easy!

男孩的好处肯定远远不止这些。

我正绞尽脑汁，憋不出来的时候，老张回来了。

他进屋飞快地更衣、洗脸、刷牙，连鼻孔都洗了。接着，他冲向了吉米，但是他好像突然意识到了什么，说："哎哟，我的手是不是有点儿凉？"

他看了看我，并没有敢把手伸向我，又看了看坐在他对面的他爹，把手伸向了他爹的脸，然后问："凉吗？"老爷子实在地说："凉。"

男孩就是这样，肯牺牲自己的父母。

我想我的晚年应该很有趣。

男孩一定还有很多好处，只是我暂时还没有挖掘出来！我一定要深挖！

作为一个生了一个男孩，又生了一个男孩的妈妈，我愿意和所有适龄女孩的妈妈成为朋友。毕竟，这个世界男女比例是大于1：1的，我完全没有高冷的资本！

# 看作业的中年老母亲如何能活得更长

> 老母亲在看作业、陪上课外班时，如果学会找乐子，自己也参与进去，日子会好过很多。

中年老母亲的刚需是什么？看学校作业，看补习班作业，看兴趣班作业。

每一个中年老母亲提到看作业这个事儿都是一肚子火、一脑门子官司和一身的病。

有一天，我看到一个消息，南京一位 33 岁的妈妈因为陪孩子写作业太过激愤，导致急发脑梗，住院治疗。孩子把她气成这样的最主要原因是磨蹭。都十点多了，上三年级的孩子还没写完作业，可孩子并没着急，这就气坏了刚强的老母亲，训斥孩子训到自己言语不清，嘴歪眼斜，手脚不听使唤……

朋友圈瞬间被刷爆。

大家纷纷倾诉自己因为看孩子写作业而染上的一身精神疾病。之前好多人说看作业让自己血压上升、心脏病突发什么的，我都没啥感觉。但是这个脑梗的老母亲让我扎心了，我也曾经有过类似症状。

一次，我规劝只弹十分钟琴却一会儿吃，一会儿拉，一会儿吭哧，一会儿哭闹求安慰的小张抓紧时间，而他比我声音高八倍，理直气壮得很，我当时说着说着，就有了口齿不清、手发麻的感觉。我吓坏了，这不是要半身不遂吧？

虽然看作业是刚需，但我起码得让自己先活下去。我立刻闭嘴，泡枸杞水去了。

看作业中年老母亲自救表：

| 看作业的不良反应程度 | 症状 | 是否需要就医 | 常备药 |
| --- | --- | --- | --- |
| 轻微不良反应 | 胸闷，气短，口干舌燥 | 需要自行调整，无须就医 | 逍遥丸，六味地黄丸 |
| 中度不良反应 | 呼吸不畅，血压升高，有暴力倾向 | 注意观察，一旦症状持续三日未缓解，需要就医 | 降压药，速效救心丸 |
| 严重不良反应 | 头晕恶心，嘴歪眼斜，口齿不清，走路跑偏，心前区疼痛 | 需要立即就医 | 硝酸甘油，复方丹参滴丸，安宫牛黄丸 |

有人问，干吗要你看孩子作业？孩子他爸呢？

中年老父亲，在看作业这件事上，能指望的着实不多。

我特别认同一个说法：几乎所有婴儿刚出生时都像爸爸，这是生命自我保护的本能。新生儿用自己的长相向爸爸宣布：我是你的孩子，请你担负起养育之责。后来，孩子基本都是越长越像妈妈，因为一段时间后孩子发现爸爸根本指望不上，还是妈妈靠谱！

对于老父亲们，有一个孩子和两个孩子的区别，基本就是有一个玩具和两个玩具的区别。

从来都只有人好奇一个还算有点儿事业的女人是怎么做到

工作生活两平衡的，可是你见哪个男人被问过这个问题？

又有人说了，学习是孩子的事儿，你干吗要看那么紧？学会放手，爱咋咋地！

真的，我做不到，我和孩子有多大仇多大怨，可以做到不管呢？像小张六七岁这个年纪，大家都在说培养习惯。但是你知道吗？培养习惯是在看作业时培养的，是在陪着上课时培养的。你不陪，你都不知道该培养什么习惯，该怎么培养习惯。

陪伴和培养，从来都不是割裂开的。

经常有人说，你们北京人生来占便宜，高考太简单，都能上大学。你们的孩子随便学学就行，有必要这么拼吗？

如果真的是这样，"宇宙中心"的海淀妈妈们是都疯了吗？北京早就是全世界的北京了。全国各地的人尖儿，各种海外学成归来的牛人，他们的孩子未来都是要在北京参加高考的，即便不参加高考，很多也是要回来报效祖国的。就算你的孩子愿意给人家打工，也得有能力、有水平吧。

大城市里的孩子机会多，但是竞争也更激烈。先不用说赌王的儿子和那些家境超牛的人有多努力，看看你身边家里有"矿"的，人家对孩子的教育可是也一点儿没放松。

我身边有一个阔太太，在我看来，她就是近乎疯狂地陪着孩子各种学习。她说，我现在趁自己还有能力、有资源，就多

给孩子创造机会。以后万一我没啥能量了，孩子自己也足够强了。

条条大路通罗马，人家生在罗马的都这么拼，我就看看作业，也没啥可抱怨的了。还有一个特别现实的问题，就是等孩子上了初中，我想看也看不了作业了，因为我已经看不懂题目了。

作为一个文科生，我在孩子小学阶段，多拼一拼，也是为了自己能平安度过更年期，为自己晚年造福。所以，作业这杯苦酒，我干了；看作业这件事，我认命了。自从认命之后，我整个人都好多了。

周末大学同学聚会，一个女同学迟到了。

我们问："去哪儿了？怎么晚了这么久？"

她说："单位组织合唱比赛，我是领唱，今天排练，所以来晚了。"

我们所有人都震惊了。她上学时高音上不去，低音下不来，中间音全跑调。

她看着我们惊愕的表情，微笑着说："我真不知道我还有这个潜能。我其实是给我儿子找了声乐老师，想让他进他们学校那个特牛的合唱团。那个机构，也有培训成人的老师。我想着等他也是没事儿干，就找了一个老师教我。结果就是，我儿子学得没啥进步，我进步飞速，现在分分钟可以飙《青藏高原》！我觉得挺有意思，虽然儿子学得不咋样，但我也不是特抓狂了。时间没浪费，也算有收获。"

我身边这样的例子不止一个。

陪着孩子学钢琴，老母亲从五线谱都不识，到自己坐下就能弹个曲儿。

陪着孩子学画画，老母亲一周好几幅作品，每幅都像模像样。

每个老母亲都是隐藏在民间的艺术家！

有几天我在咖啡馆狂敲键盘写稿子，听见身边一个妇女同志发音有点儿奇怪，但是非常努力地在和一个外国姑娘学英文。我歪头一看，哎哟，这不是小张幼儿园同学的妈妈吗？

熟人见面，分外尴尬。

小张同学妈妈说："我们家小陈不爱学英语，我给他找了一个一对一外教。我平时没事儿和他一起学，觉得还挺有意思。半年下来，我进步比他还快。他看我这么学，反正不管怎样，也坚持着呢。"

**老母亲在看作业、陪上课外班时，如果学会找乐子，自己也参与进去，日子会好过很多。**

那些海淀妈妈在陪着孩子刷奥数班时，又记笔记又录像，当然是为了更好地教孩子，但自己可以战胜那些奥数题带来的快感恐怕也是支撑她们走下去的动力吧！

我现在尽可能地陪着孩子练琴，也已经从一个连简谱都不识的人，变成了五线谱拿起来就唱的音乐人了。无论孩子未来啥样，起码我以后在老年大学是有一技之长了。

# 什么会加速中年妇女更年期的到来

春天的花开得有快有慢，但是总会开。

有一次，小张同学发烧了。

作为一名二胎老母亲，对于孩子感冒、发烧、拉肚子这些问题，我早就处变不惊了。我之所以可以平静对待，不过是因为经历得多了，套路熟悉，结果可控，自然平和。

小张同学对于在上学日发烧这件事儿，一开始内心是有些纠结的。

他问我："我作业怎么办？"

我表示，差几次没啥，病好了补上就可以了。

他又问我："可以看电视吗？需要弹钢琴吗？不想看书是不

是可以不看书？"

我说："好说好说，当然是以养好身体为主，有余力，则学文。"

他听了，带着那种似笑非笑、不好意思笑又抑制不住要笑的表情，说："那，好吧。"

他在家的第一天，爷爷奶奶表示："没问题，你放心上班。吉米有他阿姨，我们两个人看着小张没问题。"

晚上我下班，爷爷说自己头晕胸闷。小张除去下午烧起来的时候和看电视的时候稍微安静一点儿，其余时间都在上蹿下跳、大喊大叫。

奶奶说："我总劝他别招惹吉米，没事儿可以看看课外书。他说吉米是他亲弟弟，他生病了我还让他看书，太没人性。"

爷爷奶奶均表示要休息一天，惹不起但是躲得起。没办法，我只好第二天请假在家陪他。老张去哪儿了？他出差了。

让一个中年女性从早到晚地陪一个七岁半的男孩，可以极大程度地加速她更年期的到来。虽然到了夜里他还是会发烧，但毕竟大部分时间他是活蹦乱跳、破坏性极强的。

我当然是梦想着他可以自学落下的课程。我只是建设性地提出，你能不能读读英语，练习一下 sight words 词卡？下周就月考了。他就哭得眼泪哗哗的，觉得自己发烧了，生了这么严重的病，浑身虚弱，怎么自己的亲妈妈还能提学习？

男人从小就是这样，感觉感冒发烧都是绝症，需要全世界的人都围绕和关心着他。但是他刚刚明明在外头风驰电掣地玩了快一小时的滑板车。

我只好说，好的，你不想读英语，那你就看看故事书吧。要不你闲得难受，总闹弟弟也不行。于是小张安静五分钟，疯狂俩小时。

我特别羡慕人家小女孩的妈妈说："哎哟，我们家孩子特别好带。做做手工，拼拼乐高，都能玩一个小时，完全不出声音，就自己玩。要是再有一个小女孩一起，那就更好了。我完全不用管。两个人玩得可好了。"

我们家从来没有过这样的情况。无论干什么，他都像屁股上自带钉子。弹琴五分钟，吃喝拉撒哭全套走一遍。写十五分钟作业，得喊十回妈妈——求拥抱，求安慰，求聊天。一个男孩

还好，要是两个，那就是你玩你的，我抢你的；你喊你的，我叫我的——掀翻房顶！

每次我在外头看到有人吼孩子，我都觉得"真没素质""孩子好可怜"。然后，在我自己吼孩子时，我觉得这根本是情不自禁，不受控制！睡眠不足、身体疲劳、精神紧张、压力太大，我有很多吼的理由。

然而，当这个白天可以拆房的小男孩晚上发烧时，他先是轻轻地说："妈妈，我好冷。"然后体温升上来，小脸烧得通红，我又会很心疼。

他不是总那么不善于表达，看着熬了几宿的我，他也会说："妈妈，我爱你。"

老母亲在这个时候自然是无比自责了。我会觉得，我怕是失心疯了，怎么又吼了这么可爱的孩子呢？

我会情不自禁地道歉："对不起，妈妈今天又不耐心了。妈妈也是第一次当妈妈，所以也会有做得不好的地方。"

发烧的小孩看着我："可是妈妈，我也是第一次当小孩呀。"

"嗯，但是妈妈不是第一次当小孩。所以妈妈才会告诉你，一些事情怎么做可能会更好。因为那些都是妈妈经历过的。"

小孩笑了："可是，妈妈，你从来没有当过小男孩呀。"

我竟然无力反驳。我一直以为我也当过小孩，现在是一个大人，所以有好多经验之谈。我告诉他"就是这样的"，是为了让他少走弯路。

我还无数次地回忆，我小时候就是这样，我并没有"双标"。我可以这么做，为什么你不可以？我好像从来没有真正接受过，有些事情，小男孩可能就是不可以，就是慢半拍。

我因为小张在写作业时总是走神而烦恼不已。他好像很难专心地把作业写完。他总是喜欢写一会儿，停下来，去干点儿别的。

有一次，磨磨蹭蹭的小张在自己房间做作业时，突然爆发出了"杠铃般"的笑声。

他大喊："妈妈，妈妈，你快进来，我有一个问题，必须得问你。"

我走进去，发现他正在看脑筋急转弯。

"你作业写完了吗？"

"数学写完了，我歇一会儿。"

我忍住怒火："什么问题？"

"妈妈，你知道中国最有名的植物人是谁吗？"

"这是什么题目？不知道！"

"是——葫芦娃。哈哈哈哈哈。"

小孩笑得没心没肺。我简直哭笑不得。

我咨询了我的心理学老师，她告诉我：相对女孩，男孩更容易觉得无聊，他们可能很难专注一件事很久。小男孩更容易走神，所以需要不停地换花样，找到他们感兴趣的事，吸引他们的注意。而小女孩克制心中无聊感的能力天生会更强。

唉，男人！

我现在给小张安排作业和练习都穿插着来。每天列出日程表，完成一项划掉一项。我有时候真是有点儿烦一刻也老实不下来的小张。但是心理学家又说了：由于睾丸素的分泌，小男孩的精力会格外旺盛。他们闹腾，好动，对肢体运动有更大的需要。

看来，男孩更适合集体运动，一些激烈的、对抗性强的体育运动不仅可以让男孩子释放精力，还可以更好地磨炼他们的品格。对于小张，我的确需要让他练一项集体运动。

小张经常"戏精"上身，遇到一点儿小事儿就眼泪一嘟噜一串儿，来得又密又快。我就搞不懂了，一个男孩为什么这么爱哭。

我问了很多养男孩的妈妈，又看了好多书。我松了一口气，原来，很多男孩在小的时候都这样。因为语言表达能力差，他们喜欢用大喊大叫、哭和肢体语言来表达情绪。而且对于同样一件事儿，很多时候人家小女孩已经想通了，理解了，而小男孩还在钻牛角尖。

看来，在养男孩的过程中，真该多问问爸爸，看看他们小时候是怎么长大的，或者也可以和自己的婆婆聊聊。

好多妈妈都觉得自己的儿子真不如自己小时候，看来，这太正常了。我安慰自己：这仅仅是因为男女有别。**春天的花开得有快有慢，但是总会开。**

有天晚上，我和小张一起用钱币复习他在数学思维课上学过的倍数关系。

我拿出一张 5 块，一张 10 块，问："你说，它们之间是什么关系呀？"

"什么关系？嗯……亲戚关系？兄弟关系？"

以德服人，我要以德服人。

# 第三部分

# 俩娃斗，风起云涌

生孩子绝对是一场修行。生两个孩子，并不是给老大生了一个伴儿，因为今后陪伴孩子的必定是他们自己的老伴儿。多养几个孩子，也不是为了防老，而是多一个孩子去欣赏和陪伴。

# 二胎家庭鄙视链

一个女孩、一个男孩 > 一个男孩、一个
女孩 > 两个女孩 > 两个男孩

自从老来又得子，我就成了朋友圈中的"扛把子"。朋友们
提起我，都是一副唏嘘赞叹的样子，觉得我非常不容易。经常
有人问我："特别累吧？两个儿子啊，哎哟！"

有科学研究表明，父母双方的幸福感，从第一个孩子出生
时开始下降，一直到最小的孩子独立，才会恢复到生孩子之前
的水平。

这个科学家可真逗，净说实话！

可是，这并没有阻挡我们生孩子的脚步。要么"处心积虑"，

要么意外惊喜，孩子，一个接一个地来了。

总有准备或者不排斥生二胎的妇女同志们问我："哎，你说是一男一女好，还是一样的好？"

我说："生男生女老爷们儿说了算呀，这事儿瞎想没有用。"

她们又问我："你说，两个孩子之间相差几岁最好呀？"

"这个……你想差几岁就差几岁，你有这个本事吗？"

但是这并不妨碍妇女同志们探求的渴望。

于是，我采访了周围十多组二胎家庭来了解两个孩子的性别组合问题，他们的孩子都已经长大成人了。为什么要找孩子已经长大成人的家庭问这个事儿呢？因为眼光要放得长远一点儿！

我又采访了另外十组二胎家庭，这次采访的都是老大没多大，老二还不大的家庭。为什么呢？因为孩子都长大了以后，年龄差多差少，就没那么重要了。

结果，我总结出了这样一条二胎家庭鄙视链：一个女孩、一个男孩 > 一个男孩、一个女孩 > 两个女孩 > 两个男孩

家里两个孩子，一男一女，凑成一个"好"字，总会让人觉得很完美。所以一男一女的组合雄霸了鄙视链顶端的前两名。

## 鄙视链最顶端： 姐姐 + 弟弟

姐姐就是"小妈妈"。

大人并没有要求姐姐做什么，但是女性天生就带有母性，再加上异性相吸，姐姐很多时候是从小到大地操心弟弟、照顾弟弟。

小时候，弟弟的学习老母亲基本是不用操心的，姐姐会全程辅导。很多有姐姐的男孩学习一般都会很好，开窍也早一些，有的五岁就会背九九乘法表。

我认识有的当姐姐的，从弟弟上大学、出国留学，到回国买房结婚，无一不替弟弟张罗。有姐姐的男人，基本就是一个摆设了，家里家外，父母的事情，一般都是姐姐操心。

## 鄙视链第二级： 哥哥 + 妹妹

这个组合是我小时候的梦想。

但是，据我观察，生两个女孩或者两个男孩的概率要大于生一男一女的概率，再加上当时的计划生育政策，所以我周围有哥哥的女孩并不太多。

我曾经特别羡慕地问一个女孩，有哥哥是不是特别好？上学的时候肯定没有小男生敢打她。

她特别无奈地说，的确没有小男生敢打她，因为从小打她的只有她哥。

哈哈，小男生，总是没那么细腻。而长大了，哥哥娶老婆了，和妹妹多数就没啥话讲了。但是你们放心，小时候妹妹肯定不会吃亏的,因为有爸爸在。先有一个儿子的爸爸，再有一个女儿，呵呵，你们会见识到什么叫瞬间变脸。爸爸见到女儿的"奴才脸"，令人发指。

### 鄙视链第三级： 姐姐＋妹妹

坦白讲，论长大之后对父母的关爱程度和两个孩子之间的感情深浅，我觉得鄙视链第一级非姐妹俩莫属。

之所以一男一女排名靠前，我觉得主要是老母亲希望两个孩子的性别可以不同，新鲜一点儿而已。

姐妹在小的时候可能会各有心思，比如我姐和我。我姐比我大五岁。她曾经在我三四岁时，伙同她的小伙伴告诉我，我不是我妈亲生的，而是捡来的。

她的戏非常足，还让她的小伙伴一个一个地来和我说从来没见过我妈怀我。

我去问我妈："我从哪儿来的？"一般只能得到两个答案，一个是从石头缝里蹦出来的，一个是从垃圾堆旁边捡来的。如果不是我当时太尿了，可能都踏上寻找我亲生父母的路了。

但是现在，我和我姐每年都会不带老公、不带孩子地约着旅行两次。你脑补一下，兄妹俩或者兄弟俩会这么干吗？

父母有什么事儿，两个人也都有商有量。我们也都喜欢陪着我妈逛街、吃饭、买东西。我觉得老了之后，有女儿陪着逛街，真是一件再幸福不过的事儿了。所以很自然地，两个儿子的组合会被排在鄙视链的最底端。

### 鄙视链最底端： 哥哥 + 弟弟

吉米是计划外的，我本来并没有计划要二胎。

如果第一胎是一个女孩，我应该会更有信心，原因参见上文。大概怀孕五个月的时候，我知道我怀的又是一个小男孩，竟然没忍住哭了一场。我这么大年龄怀孕是想要一个姑娘的。

直到现在，老张看着他的胖吉米，都会眼神儿冒着爱的火花说："哟，吉米呀，你要是个胖丫头就好了！"

现在还好，毕竟小的破坏力有限。但是未来，弟弟大一点儿了，哥哥和弟弟一起出去玩，还会一起闯祸。对于老母亲，拥有两个儿子，

可能是有点儿挑战性了。让"建设银行"变成"会疯银行"的，除了要准备两套房外，还要承受他们无边无际的破坏力。两个男孩长大以后都各自娶媳妇儿了，估计他们之间话都没有几句，只能算是熟人了。当然，最让我不安的是，我未来要有两个儿媳妇。

生男生女咱决定不了，但两个孩子相差几岁，还是可以稍微"处心积虑"一点儿的。

## 相差一两岁

我比较佩服这样的二胎妈妈。

老大还是小宝宝，没有上幼儿园，老二就又来了。这样的情况，在两个孩子都小的时候，如果没有人帮忙带孩子，妈妈会很崩溃。

一个要抱，另外一个也要抱；一个生病，另外一个很容易就被传染上。这对妈妈体力和耐心的要求极高。

当然，也有妈妈说，我喜欢这样的年龄差。暂离职场一段时间，我把两个孩子都带大，上了幼儿园就好了。要是孩子年龄间隔大，什么都得再来一遍。

## 相差三五岁

我这代人，有哥哥姐姐的，很多都是比哥哥姐姐小四五岁。

后来我才知道，那时候计划生育政策已经开始施行，但是独生子女政策还没开始执行，鼓励一对夫妻一对孩儿，最多相差四五年。

俩孩子相差四五岁，对于妈妈来说，是比较合适的。在老大小时候，妈妈可以全身心地陪伴他。在老大已经很稳定地上了幼儿园之后，妈妈可以在白天更专注地照顾老二。而且两个孩子年龄差距没有特别大，还是可以在一起玩的。

我们家的两个孩子相差六岁。哥哥已经很明白事理了，虽然他依然会玩玩具开心到大喊大叫，把睡着的弟弟吵醒，但是大部分时候他会懂得关照弟弟，也没有那么爱争宠。

**相差十岁以上**

孩子年龄差距太大，距离感会比较强，因为可能完全玩不到一起了。哥哥姐姐把弟弟妹妹当小宠物逗逗，或者不闻不问的情况居多。当然，这并不是绝对的，也有相亲相爱的。

我认识的很多两个孩子年龄差距这么大的，都是因为老大要去国外读书了，老父老母想着要么自己当空巢老人，要么养只狗，要么再养个孩子。结果决定，养孩子！你们懂的，这样的人，一般有钱又有闲。

你要问我，到底什么性别组合最好，到底两个孩子相差几岁最好，我得问问，你相信不相信一句最毒的鸡汤：一切都是最好的安排！

如果信，那么你家是什么组合，你家的孩子相差几岁，那就是最好的。虽然老张曾经无数次两眼放空地坐在沙发上，幽幽地说：我这辈子有一个梦想，就是我的小女儿穿着芭蕾舞裙给我跳芭蕾舞。

生孩子绝对是一场修行。生两个孩子，并不是给老大生了一个伴儿，因为今后陪伴孩子的必定是他们自己的老伴儿。多养几个孩子，也不是为了防老，而是多一个孩子去欣赏和陪伴。

蒙台梭利说过，儿童是成人之父。每一个孩子，都给了我们一次成长的机会，一次找寻初心的机会。生两个孩子，尤其是生两个儿子的，我们的寻找过程会更加跌宕起伏。

# 二胎家庭实录：
# 老大"吞金"，老二"吃土"

> 家里的老大是名副其实的"吞金兽"，且是一路走来一路吞。

有一种"神兽"在老母亲圈里颇为流行。他们经常四脚朝天，撒泼耍赖，张着大嘴"吞金"，龇着小牙"碎钞"，脾气时晴时阴，江湖人称"四脚吞金兽"，学名"人类幼崽"，昵称儿子／闺女。

我上网去查到底是谁给了"熊孩子"们这个江湖地位，他可真是人才！但是，这得是多么痛的领悟！也不知道这位前辈如今可还安好？

"小兽们"有两种型号，不能随意挑选，来什么是什么。当

然区别还是有的，比如"ＸＹ型"比"ＸＸ型"更"耗电"、更气人，等等。小兽们均没有售后，且后期维护费用惊人。总之，我们是想把他们当宠物养的，但后来，他们都变成了主子。

我家有两只这样的小兽，一只叫哥哥，一只叫弟弟。但是单就"吞金能力"，绝对是哥哥"吞金"，弟弟"吃土"。

有一段时间，我送小张上兴趣班，特别低调。把孩子推进教室，我就飞快地窜到一层书店去坐着，不敢和老师以及前台销售有任何眼神交流。

现在的书店真好，有开架书可以看，有椅子可以坐，

而且还不强制消费。咖啡馆我是不去的，下午喝咖啡，晚上睡不着，再说了，单位明明有免费的，干吗要喝花钱的？渴了怎么办？我优雅地掏出保温杯。

我之所以不愿意在兴趣班逗留，主要是因为好几门课都要续费了。

中年妇女嘴上说：我什么没见过？别忽悠我。可一听到有人夸自己的儿子，那从心里往外涌出的喜悦是控制不了的。

小姑娘给我各种算，这么买特别合适，这么买能省钱。但是再怎么省钱，半个小时的课就要三百多，一交就是好几万，分分钟一个欧洲游的钱就没了。最关键的是，不能报了兴趣班，就天天家里蹲了，该游还是得游。

家里的老大是名副其实的"吞金兽"，且是一路走来一路吞。

原因很多，比如刚有老大的时候，我并不知道自己有多少钱，天天想着：我要给孩子最好的；我的孩子长得帅，又聪明，值得更好的。

老大八个月时，我听说有六个月的孩子去上早教了，我觉得自己简直是让儿子输在了起跑线上，于是立刻把他送到了"某姆"，几万块的银子花了，儿子每次课都放飞自我，我和老张还得又蹦又跳地陪着。

各种早教书我是没少买的，绘本也是，不管中文的、英文的，只要是看着好的，就都得买回家。万一我儿子爱看呢！

我也觉得养孩子贵，但想着一辈子可能就这么一个孩子，苦谁不能苦孩子。

但是弟弟来了，我仿佛一夜之间成熟了。毕竟这么多年过去了，有钱没钱自己是很清楚了。毕竟，哥哥"吞金"是事实，可我自己不想总"吃土"也是事实。

所以一路吃土的只有弟弟了。

早教机构那是绝对不会去上的。毕竟我是一个有经验的妈妈，花钱就要花在刀刃上。他哥的名字叫刀刃。

养老大的经验告诉我，孩子真正开始"吞金"是从五岁之后报各种课外班和兴趣班开始的。当然，具体的"吞金"时间和妈妈的"鸡血"程度有关。

我在想，吉米现在"吃土"，也是因为他年龄还小。于是我和老张开始未雨绸缪，着手考虑给吉米未来上什么兴趣班。总不能哥哥练滑雪、打高尔夫球，弟弟练弹球吧。

我看到有一个朋友在朋友圈晒她儿子参加柔术比赛得冠军的视频。

我想，练这个应该不太费钱吧。不像滑雪，还需要买装备，也没啥场地限制，没必要夏天为了上雪还得跑到哈尔滨滑室内，冬天为了体验好还得去崇礼。而且吉米的身量，也挺适合。什么摔跤、柔道、柔术，这个方向可以的。

我和老张说了我的想法，他也觉得相当靠谱。于是，我们约了冠军爸妈取经。

"啊，也要这么花钱，这么费事？"

"嗯，"冠军妈妈颇有深意地看了看冠军爸爸，"也有一些地方可以省不少钱，就看是不是抗摔抗揍了。"

"可以可以，吉米的身板儿，没问题。"

"不是吉米,"冠军妈妈看了看老张,"爸爸必须钻研动作要领,解析难点,特别是要冒着生命危险陪练。这样可以把陪练的钱省下来。"

老张虎躯一震。这是养老大要钱,养老二要命的节奏吗?

# 二胎家庭日常：
# 前一秒相亲相爱，后一秒你踢我踹

所有的老大都会觉得"不公平"，所有的老二都是"戏精"，装惨争宠的一把好手。

我和刚见面的人聊天，基本五分钟之后，都会进入这个话题：

"你有两个孩子呀？"

"嗯。"

"两个男孩还是女孩呀？"

"两个男孩。"

"哎哟，哈哈哈哈。挺好的，其实也挺好的。挺累的吧，哎哟，哈哈哈哈！"

我保持沉默，微笑，毕竟自己是身处二胎家庭鄙视链最底端的人群。

"那个，两个孩子好，还是两个孩子好。现在可以一起玩，以后他们两个就是世界上最亲的人，万事有商有量，多好。你享福的日子在后头！"

以后，呵呵，我不知道能不能活到享福的那一天。再说了，我觉得我单身的时候最享福！

现在可以一起玩？嗯，玩耍五分钟，打架俩小时。万事有商量？嗯，也许吧，商量着"拔管儿"。

我承认在成年之后，生女儿的妈妈的幸福感会碾压生儿子的妈妈的，尤其是生两个儿子的妈妈的。你想想，一个老太太最喜欢什么呢？有人陪着聊天，陪着逛街，陪着骂老头儿。哪个成为中年妇女的女儿不喜欢干这些事儿呢？又能陪妈妈，又能自己开心，真是完美。

儿子？算了，成年的儿子是给别人养的。我们要有肉包子打狗的心态。但是生女儿的你们不要太得意。我说单身时最享福的话是有理论支持的。

心理学家说：父母双方的幸福感，从第一个孩子出生开始下降，一直到最小的孩子独立，才会恢复到生孩子之前的水平。

在孩子还小的时候，二胎家庭情况基本比较类似。不管你生的是男孩还是女孩，有两个孩子的世界，就有江湖。前一秒风平浪静，后一秒吵到要命。刚刚还是相亲相爱，一言不合变成你踢我踹。而且我发现，女孩小的时候下手老狠了！

所有的老大都会觉得"不公平"，所有的老二都是"戏精"，装惨争宠的一把好手。

有一年暑假快结束的时候，吉米发高烧了。夜里他的体温升起来两次，吃了两次退烧药，没怎么睡好，早上大概九点才起床。他一出来，我们都扑上去："吉米，你醒了，怎么样？好点儿了吗？"

吉米低眉顺眼，愈发地让我们觉得他可怜。当然，五分钟后，他就"狂扫"了一碗粥、一份蛋羹和一碟小菜。

突然，我们身后传来了小张幽怨的声音："我起床，你们没人理我，为什么对吉米就这样？太不公平了！"

"弟弟不是生病了吗？我们也都爱你。那个，你吃完饭休息一会儿，就把作业写了吧！"

"不公平，太不公平了，

吉米每天就吃喝玩乐，我暑假都要写作业，不公平！"

有一些家庭，因为各种各样的原因，的确有些厚此薄彼，对某个孩子更偏心。有的二胎家庭会对小的偏心一点儿。理由是：老二还小，大的要让着小的。而且我发现，说这话的，往往是爸爸！但是大多时候，老大因为独霸一方有些年头了，习惯了做众人的焦点，所以把"不公平"当糖豆吃，偶尔会小题大做，自己给自己加苦情戏。

我一直对此很不理解。我明明把时间基本都花在老大身上了，怎么他还会觉得不公平呢！

一个朋友和我说了一个网上的段子："人家老大的心情太容易理解了。比如有一天，你老公和你说，老婆呀，我特别爱你，但是我要给你娶一个妹妹回来。记住，我对你的爱一点儿不会少哟，还会多一个人和你红尘做伴。你怎么想？你说吧！"

所以指望孩子们小的时候相亲相爱，那几乎是痴人说梦了。友谊是塑料的小船，说翻就翻。

通过自己养二胎和对身边二胎家庭的观察，我发现了翻船的十大现场和幕后"推手"。

## 第一大推手
## 父母偏心

既然有两个孩子的家庭就是江湖，那我们做父母的何不做个世外高人呢？没必要非得插手主持"正义"，除非有人坏了江湖规矩，比如做出危险动作、过分恃强凌弱。

如果父母拉偏架或者明显偏心一方，父母不在的时候，就一定会有好戏上演了。而且父母偏心很伤人的。我认识一个姑娘，一直和她弟弟关系一般，就是小时候他们家过分偏心她弟。她生了女儿后，坚决不再生了，因为有了心理阴影。

## 第二大推手
## 让一个让着另外一个

没必要有"大的就要让着小的，就得懂事"的可笑念头。老大是大的那个，但不是大人，不可能心智成熟得和你一样。再说了，小的又不是老大生的，不要强求他们就得"照顾弟弟妹妹"。而且还是那句话，老二虽小，但

是戏足，不要小的一哭，就骂大的。而且你让一个让着另一个，取得的和平只是暂时的，很快就会爆发新的"战争"。

## 第三大推手
### 弟弟 / 妹妹弄坏了哥哥 / 姐姐的东西

如果说前两大推手会让矛盾积累，最终爆发。那么这个问题，会立刻导致孩子们嘶吼、哭闹、大打出手。

有个周末，我们家哥哥辛辛苦苦拼的乐高被弟弟一掌拍散。前一秒两个人还拥抱在一起，后一秒就彼此翻脸不认人了。

没有永远的兄弟，除非你不牵扯到我的利益。

## 第四大推手
### 好吃的、好玩的只剩下一个

这个时候往往就要拼手速了。即便他不爱吃、不爱玩，都会拼命扑过来，抢这最后一个。

我本来不喜欢的，但是你要，我就突然喜欢了。

这个没办法，如果能转移其中一个孩子的注意力，我们当妈的就尽量转移。遇到执拗的孩子，就只能让他们开抢了。还是那句话，静观其变。

## 第五大推手
## 只给一个人买礼物

二胎家庭，买啥都要买双份。

只买一个礼物，简直是大忌。这就等于无端地挑起了矛盾。另外也要嘱咐来家里做客的人，如果他们说"哎哟，我给孩子买礼物了"，请提醒他们——双份!

## 第六大推手
## 只带一个人去旅行

我也曾经有过这样的想法，觉得老大上学，老二时间灵活，没必要非等着又贵又挤的假期出门。

可是老大听说了之后，又蹦又跳，大哭大闹。他觉得自己一个人上学受苦，我还带着弟弟游山玩水不陪他，天理难容，弟弟简直太讨厌了，独占资源，独自享乐。

我终于理解了二胎家庭出门旅行都是集体出动的原因：谁都惹不起！

### 第七大推手
### 老大心情不好， 老二出来躺枪

老大学习时，老二最好在自己的房间或者楼下。

我们家哥哥曾经在他写作业被我骂时，不止一次地把邪火撒在腆着肚子出来溜达，并发出声音的吉米身上。

吉米用他学会的为数不多的话大声反抗："哥哥，笨蛋！"

### 第八大推手
### 先给一个人讲睡前故事

我们家还没有这个问题,吉米是个"文盲",只需要睡前喂奶。

小张哥哥大了，能自己阅读了。

但是朋友家两岁和四岁的女儿，本来还在说说笑笑，会突然因为这个问题在大晚上疯狂吵架——互指互戳，肺活量很足，不间断的那种。

## 第九大推手
### 先哄一个人睡

一起哄睡，就都不睡。好的，先哄一个吧！那就是不公平了，于是大哭大闹，大打出手。

## 第十大推手
### 老二觉醒，各种挑衅

老二小的时候一般都是卖萌装可怜，最多是在老大不留神的时候拍老大一巴掌。但是等老二到了三四岁，那基本上都是"手欠欠"的，会去主动挑衅的。这就到拼实力的时候了，老大也是不会手软的。

再次，让"子弹"飞一会儿。

都说两个孩子好，是个伴儿。他们小的时候关系不是伴儿，是"豆瓣"（斗伴）。前一秒风平浪静，后一秒鬼哭狼嚎，而且这种"相爱相撕"的状态会反反复复很多年。所以为什么说二胎老母亲不容易呢？变着花样地与娃斗智斗勇，每天上演宫斗戏、攻心戏、武打戏、情感戏。

那我为什么还生二胎？

事故。

所以我一直在为这个事故善后。

# 老大越来越作，老二可爱活泼，
# 二胎老母亲怎么能公平？

> 有了二宝之后，我们从一个孩子的依靠，
> 变成了两个孩子的靠山。

我发现吉米虽然样子没有哥哥小时候好看，但真是更招人喜欢。

这个发现是从吃开始的。哥哥总是对吃饭提不起劲，所以从小就很瘦。因为他吃饭的事儿，我们爆发过无数次家庭大战——双人互吵、三人混吵、多人乱吵。不爱吃饭的孩子，身体就是弱。老大小的时候成天生病，上个幼儿园只要有传染病，他绝对逃不掉。

吉米爱吃东西，热爱的爱。

他的脑袋碰到了钢琴角，疼得哇哇大哭。我抱起他，说："吉米，我们去吃，我们去吃。"他就从哇哇大哭，变成了哇哇大叫，挣脱我，奔向零食柜。

他吃得认真、吃得霸气，吃饭时发出声音是他对食物的尊重。他看着食物书都会流口水，唯一让他伤心的事是东西吃完了。

每次有人经过他的小饭盆，他都很警惕，尤其是看到哥哥，他会用小手护住小碗。

贪吃的小孩，真是太省心、太可爱了。一岁半的他已经穿哥哥四岁时的衣服了。哥哥表示，三年级以后要是有人欺负他，可以到隔壁幼儿园找弟弟来保护他。

老二的性格也比老大温和。他懂得放手，不执拗，但也有坚持。吉米曾经特别喜欢哥哥的粉笔，但是哥哥看到了，总是一把抢走。哥哥抢走弟弟的东西，永远是一个理由——"危险，我害怕他给吃了。"每当这个时候，现在在身高上还处于绝对劣势的吉米都很淡定，不哭不闹。他像什么都没有发生，慢慢悠悠地走了。
一个能屈能伸的小孩太可爱了。

　　老二心眼儿更多，学习能力
更强，察言观色不在话下。在和
哥哥发生矛盾时，吉米并不总是
很淡定。如果大人都在身边，吉
米会哭得很伤心，看起来很可怜。
如果有人出手制止，或者要求哥
哥让着弟弟，吉米会哭得更可怜。

如果这时身边的是我，吉米一般哼哼两声就算了，因为只要没
有重大安全问题，我都不管。有时候吉米被欺负了，我也没有管，
吉米会若无其事地走掉。他四处溜达，像没事儿人一样，然后
拿起一本书，在哥哥周围转呀转，突然，一下子拍在哥哥身上，
然后自己飞快地跑掉。他也算是有勇有谋。

　　我们经常说，老二比老大可爱又好养，能吃、能睡、情商高。
这是因为老大作为第一名出生，我们第一次当父母，总是免不
了会紧张。当我们成了"老司机"，就可以笑看老二的各种问题了。
妈妈放松了，一切就都不是问题了。

　　老二更会自娱自乐。原因很简单，老大小时候简直是宇宙
中心，放个屁都会引起各方关注，所以有一点儿事他就哭唧唧。

而对于老二，家长们的关注度颇低，孩子都摔一个大跟头了，可能家长们还在各聊各的。但是这竟然造就了很多老二经常自带搞笑技能，是全家人的开心果。可是老二这么可爱，大部分家庭还是把时间、精力和钱更多地花在了老大身上。

我也一样。

时间都给了老大，他却还说不公平。

刚怀上吉米的时候，身边就有二胎妈妈告诉我，有了弟弟妹妹后，老大最喜欢说三句话，排名第一的就是：这不公平！

我说我懂，孩子们根本不在乎吃的是什么，用的是什么，只要一样就可以了。我一个朋友家两个男孩年龄相差三岁，但是衣服、裤子、玩具都是一模一样的。因为即便是颜色不一样，他们都会觉得对方的更好！

但是我显然是把公平这个事儿想得简单了。二胎家庭的公平，"买屎都要买两坨"仅仅是最低阶的要求。

我原本以为，生了吉米之后，我会忽略老大的感受。但事实是，我的全身心都投入到了上小学的老大身上。

我想着，老大上小学，正需要养成习惯和打好基础，我多陪陪理所应当。吉米还小，反正有人陪着就行，不一定非要是我。我现在多拼一拼，未来可以给他创造更好的条件，也是付出的一种方式。

我原本以为要是吉米会说话，他一定会说：不公平！妈妈陪我的时间太少。但是吉米每天都很乐呵，而经常抱怨"不公平"的总是老大！我一开始是百思不得其解的。我对你付出这么多，所有时间都给了你，你怎么还能觉得不公平呢！

我问老大："为什么？"

他说："我觉得你不爱我了！"

二胎家庭老大最喜欢说的三句话，除了"这不公平"，就是"妈妈，我觉得你不爱我了！"和"妈妈，我想变成弟弟！弟弟根本不用学习、练琴，为什么我要干这些！"

有了弟弟之后，老大变得格外脆弱。之前我吼他几句，他还没什么，现在就经常上升到爱或不爱的层面。

孩子希望的公平可能我们根本无法满足。他这个阶段还不能完全理解每个人在不同的阶段就要做不同的事儿。每个阶段的人，别人会对你有不同的期待。弟弟每天吃好、喝好、拉好，天下太平。而即便是亲妈，我也不可能只用这个标准要求老大。

这就是不公平？那不可能公平。绝对的公平完全没有必要，逼死老母亲，我们也做不到。

两个孩子之间的关系，真的很难平衡。

## 别指望老大一夜之间长大

每次老大觉得不公平的时候，我都会告诉他，就是不公平呀，你得到妈妈的爱比弟弟多了六年。

我买了很多和二胎相关的绘本，什么《汤姆的小妹妹》《我当大哥哥了》《我想有个弟弟》。读书的那个时刻，哥哥对弟弟的爱是会油然而生的。但是绝对不能牵扯一点儿利益，要是弟弟敢把他的乐高碰倒，绝对被一掌拍飞。

这就是孩子，丝毫没有一点儿掩饰。

有时我也自我安慰，虽然小张常常抱怨，并且有越来越作的趋势，但那个已经快八岁还是偶尔不想自己睡，因为弟弟不用上学就觉得自己上学很不公平，可出门会帮我拎着大袋子的哥哥，是我的第一个孩子呀。

　　有了二宝之后，我们从一个孩子的依靠，变成了两个孩子的靠山。虽然做不到绝对公平，但父母对两个孩子的态度，尽量不要太厚此薄彼。父母有失偏颇的爱和付出，会让其中一个孩子受伤害，也会影响两个孩子的感情。

　　我一度认为我花时间和精力陪他们了，他们还有什么好说的？但其实对于孩子，陪伴可以让他们更爱你，也可能让他们更烦你。我一天到晚唠叨孩子，估计孩子倒希望我走得远远的。

　　陪伴的关键不是时间的长短，态度决定质量。虽然这很难做到，但是我们要尽量让自己平心静气，否则被气死的绝对是自己！

# 二胎家庭启示录：
# 老大、老二一定要相亲相爱？别强求

> 对于二胎妈妈来说，大多时候，幸福只是两个孩子都别生病，起码别同时生病。

因为老大有段时间各种"作妖"，我向几个同样有两个男孩的老母亲取经。其中一个已经基本"立地成佛"的妇女朋友告诉我："你要知道，老大再大，他也还是孩子。"是啊，我怎么好像忽略了这点呢！

我在孕期不止一次地和老大说，他永远都会排第一，永远是我最爱的孩子。他的生活不会因为有了弟弟而有任何改变。但是后来发生的事情证明，我这样的承诺带来的作用特别负面。

老大在我坐月子时莫名其妙地发高烧了。后来我和几个二胎妈妈聊天，包括我姐姐，她们都告诉我，她们的老大在她们生完老二的月子里也莫名其妙地发高烧了。

我猜可能是因为老大看到妈妈一心扑在弟弟妹妹身上，或者亲昵地喂奶，或者抱着哄睡，或多或少地忽略了自己，有点儿着急上火。

在月子里，我们自己的身体在恢复。荷尔蒙分泌的不正常，小宝的哭闹，都对我们的情绪有影响，有时候我们可能难免对老大的态度有些急躁。一些两个孩子年龄相差两岁左右的妈妈，还会面临老大处于安全感建立关键期和"可怕的两岁"逆反期的情况。怀里喂一个哇哇哭的小婴儿，还要搂一个各种"作妖"的小宝宝，对妈妈的精神和体力都是极大的考验。而像我家两个孩子差六岁的，我就面临着喂着老二还要看老大作业的状况，也是着急上火。

有很长一段时间，老大都觉得我更爱弟弟。他觉得为什么只有他好好写作业、弹钢琴我才会开心。而弟弟只是吃饱了，每天都拉屁屁我就很开心；为什么我对弟弟永远特别温柔，但是会吼他。他觉得我承诺了最爱他，却没有做到。弟弟的到来让他感受到了不公平，他甚至觉得我生了弟弟，对他是一种亏欠，我应该对他没有任何要求才对。

本来已经和我们分房睡的老大，坚决不自己睡了；原本很多事情可以让爸爸陪着的，也必须得妈妈陪了；本来有话可以好好说的，现在也变得动不动就哭哭啼啼了。

心理学上把这种老二出生后，老大"变小"的行为叫作"退行"。

我后来反思了很久，也很认真地和老大谈心。我很明确地告诉他："我对你和弟弟的爱是一样的，我对待你们的原则也是一样的，但是标准不可能一样。弟弟还那么小，你已经七岁了。你和弟弟都要学习，弟弟在学翻身、学坐、学爬，你在学一年级的知识。但是我不可能要求弟弟每天写作业、背课文，而你作为小学生我就要有这样的要求，要求严格不是不爱你。你虽然不是我唯一的孩子，却是我的第一个孩子。我对你的爱，永远比弟弟多六年。"

话虽然这样说，但老大还是个孩子，对于孩子，有些事情他们做得到，有些他们就是根本意识不到。我们不能以大人的标准要求他们，什么懂事呀，讲道理呀，谦让呀，照顾呀，可能都是我们想多了。

## 别因为有了老二，改变老大原本的生活

有了老二，妈妈会更辛苦，但是还是尽量不要改变老大原本的生活。

比如，之前每周末爸爸都会陪着去游泳，妈妈都会陪着去打篮球，每天晚上睡前妈妈都会讲故事，那么即便有了老二，父母也要尽量保持以往的习惯。

我曾经有几次因为太累，脱口而出："妈妈今天照顾弟弟实在太累了。你自己看看书吧，我不想讲了。"

这么说只会增加老大对老二的反感情绪。尤其是孩子相差四岁以下的，讲道理也是没有用的。如果要改变之前的安排，需

要和老大一起商量，或者用别的活动代替。

我不断地开导，让老大参与一起照顾弟弟，帮助我做一些力所能及的事。让他给予我帮助、给予弟弟照顾，我总是积极地鼓励。老大对弟弟接纳了很多。尤其在弟弟半岁到一岁之间，可以和哥哥有简单的交流，但是不会走，个子矮，破坏力有限的时候，两个小兄弟相当友爱。

但是当弟弟到了一岁多时，情况又有了改变。老大发现，弟弟可以抢他的玩具了，弟弟会把他辛辛苦苦拼的乐高破坏掉了。他对弟弟的态度又变了。他开始和我探讨把弟弟送走的可能性，希望我们可以只带着他出去玩，而不带弟弟。他觉得弟弟很碍事，很麻烦。

他不让弟弟碰他的任何玩具，不让弟弟进他的房间。弟弟玩任何东西，他都会抢过来，理由永远是：我觉得这个不适合他，他太小，玩这个会有危险，万一吃了怎么办？即便这个东西是一块板儿砖一样的积木。

他的这种抗拒心理，可能和我处理他和弟弟矛盾时的一些做法有关。

## 两个孩子发生了矛盾，我应该怎么办

有一次，在弟弟破坏了老大的乐高作品时，老大几乎要扑上去打弟弟了。我当时很严厉地阻止了他，有点儿轻描淡写地说："再拼一个就好了。"

后来弟弟玩他的一个玩具，他一把抢走，弟弟哭得快断气，我也要求他还给弟弟："弟弟还小，你要让着他。"这么不正确的话，有时候真的难免脱口而出。

我只是觉得我不想为了这点儿小事让弟弟哭。而对于老大，他会觉得，如果他不保护自己的东西，就没人给他做主。

我的做法开始改变，是从我发现了一岁多的弟弟其实也有很多"小心思"开始。

他在我们在场的时候，会因为哥哥抢了他的玩具而哭得格外大声，也会非常理直气壮地去破坏哥哥的东西。而如果哥哥打了他一下，或者推了他一下，我们没有反应时，他一般只会哭两声就作罢。如果当时我们根本不在场（躲到一边），他就好

像什么都没发生，去做别的事了。

其实孩子们都是在试探。我们可以让"子弹"飞一会儿。只要不过分，让他们自己建立双方都能接受的规则。

现在家里的规则是门厅的所有玩具弟弟都可以玩。任何含有小零件的玩具哥哥必须放在自己屋的抽屉里。哥哥特别喜欢的一些玩具，如果吉米也喜欢，可以租借。租金从吉米的压岁钱里扣除。如果吉米破坏哥哥的玩具，出租的玩具收回，哥哥也有权利打一下吉米的小手。

给了哥哥惩罚权利后，他倒是宽容了不少。现在小哥俩的关系基本处于稳定期。但是我对未来他们两个扭打在一起这个事儿，是有心理准备的。即便他们两个相差了六岁，说到底也都是孩子，鸡飞狗跳在所难免。

家里有两个孩子，大人觉得累是肯定的。孩子都生病的时候，自己累得头晕眼花的时候，的确很后悔，但那绝对是间歇性的。

当你听到老大甜言蜜语，老二爆发出"杠铃般"笑声的时候，你根本想不到你要准备两套房，以及和两个儿媳妇相处这些事。

对于二胎妈妈来说，大多时候幸福只是两个孩子都别生病，起码别同时生病。

而生二胎，我也不是出于给他们生个伴儿的念想。在我看来，成年之后，老年之后，能是伴儿的，只有姐妹。像我们家这样，兄弟两个各自都会有自己的家庭，没准儿彼此也就是个熟人了。但是他们永远是我在这个世界上最爱的人。这就足够了。至于他们彼此的关系，无须强求。

# 第四部分

# 别人家的娃，天赋异禀

有些领域，当兴趣没什么，但要想将其练成孩子的特长，需要的时间特别长，需要的付出特别多，需要的心理素质特别强大。即便这些都有，还需要天赋。

# 别人家孩子晒特长，
# 我家孩子只能晒太阳

> "比较"让我疯狂，我就像是给我自己下
> 了魔咒，走不出来。

我发现我最近所有的不安，不是源于我儿子有多么的平淡无奇，我老公有多么的不解风情，我写的公众号文章怎么还不红。

我所有的不安都源自朋友圈某妈晒闺女钢琴弹得特别好，可我的儿子还在为每天弹半小时的钢琴而哭泣；人家从来没有学过画画的六岁孩子可以画得惟妙惟肖，而我学了一年画画的儿子还只是课堂作品稍微可以忍受，回到家自己画就永远是"火柴小人"的水平；楼上邻居的孩子六岁就上"学而思"，对数字特别敏感，

十岁就被八中素质班选中了，而我快七岁的儿子还深深地自我满足于 10 以内加减法。2022 年就要冬奥会了，看着群里很多妈妈都在致力于培养孩子的冰雪运动，我琢磨着也得做一个长远的谋划；甚至看到学校群里别人家的孩子半分钟跳绳又是一百多个，我都想把身边睡得猪一样的儿子拉起来——去，跳一百个再睡！

**没有比较就没有伤害。**

本来我还沾沾自喜他的自然拼读掌握得不错，周日的一大早不赖床，可以爬起来去少年宫学朗诵。但是一和人家的"牛娃"比较，我顿时就泄了气。

我在夜深人静的时候思考人生，觉得光阴虚度，命运不公，我分不清是自己没有挖掘出傻儿子的潜能，还是根本就是这届孩子不行。

男人和女人不一样。每次我试图和老张交流这种焦虑的心情时，他总是觉得我多虑了。他觉得孩子的辅导班上得够多了，我得欣然接受孩子就是一个普通孩子，没有什么特别突出的地方。他甚至批评我说：陪着孩子弹钢琴的时候，如果你自己在玩手机，就别指望孩子能多专心。可是我做公众号，看手机就是我的工作啊？！

他告诫我，不要和别人比，尤其不要拿自己孩子的短处和别人孩子的长处比。但是他一切的所谓淡定，在陪孩子做一次作业、上一次课之后，就全面崩盘了。他嘶吼、叫骂，甚至想"武动"双手。他大声地问我，是不是生了一个傻子……

看，一切所谓的淡定、"佛系"，不过是因为你不是教育的参与者，而只是一个旁观者。

现在的辅导班简直太多了。你如果只给孩子学英语、画画、钢琴，你都不好意思和妈妈们聊天，这些就像吃饭、睡觉、拉屎厄一样，简直是人之常情！你还得在冰球、滑冰、滑雪里选一个，在书法、围棋里选一个，在机器人、数学思维里选一个，在足球、篮球、网球里选一个。

新学期开始了。面对一个九月就要上小学，还比班里几乎所有同学都大的，但是依旧天真懵懂（缺根筋）的小男孩，我怎么可能不比来比去呢？

生孩子绝对拉动内需，生了孩子的家庭消费能力堪比碎钞机。但是就算我有钱，时间、精力也总是有限的。当然，我也并没有什么钱。

对于一个对任何东西都没有表现出明显兴趣的孩子的老母亲，我不去和别人家的孩子比，我怎么知道自己的孩子是什么水平？我怎么知道是应该自娱自乐呢，还是可以继续"碎钞"？

**"比较"让我疯狂，我就像是给我自己下了魔咒，走不出来。**

我不开心，孩子也变得焦躁，他无数次地表达想变成弟弟，每天只用吃奶，连每天拉屁屁都能让家长欣喜和满足。于是，为什么弟弟不用上学，为什么弟弟没有课外班，成为他每天上演的苦情戏。告诉他别人家的小朋友是什么样的，非但没有激发起他的斗志，反而让他产生了厌学的情绪，觉得要比就和弟弟比！

在我为此怒其不争时，朋友打来电话说，约好的饭局得取消了——她家的老猫病了。她带猫去了"动物界的协和医院"，医生说得尽快手术。

她诉说了养猫这八九年来的种种酸甜苦辣。

我告诉她，再怎么样，猫也不用上学、写作业、报课外班，不会"气死"她。

她突然语重心长地说：你知道吗？我今天碰到一个给鹦鹉看病的，说他们家鹦鹉原来好好的，这个月开始掉毛。好好一

只鹦鹉，掉毛掉得蔫头耷脑的跟秃尾巴鸡似的。这个主人带着这只鹦鹉看了好多家宠物医院，都说化验结果没问题。到了这家医院，医生果然高明，说这鹦鹉有心理问题。问那个养鹦鹉的最近

是不是教它说话了，他说是教它说话了。以前他看它长得好看，就那样好吃好喝地养着。结果他加入了一个养鹦鹉的微信群，才发现，那里头的人养的鹦鹉太厉害了，会说好多话，还有会说英语的呢！从那以后，他就天天教鹦鹉说话，说不好就不给它饭吃。结果，医生说鹦鹉的压力太大了，让他别再逼它说话了，还它快乐童年！

朋友说我："你别太逼孩子了，孩子压力太大了，每天上学，还有那么多兴趣班，有时间玩吗？！"

"玩？他这么没有天赋的笨鸟难道不应该先飞早入林吗？"

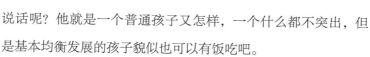

朋友特愤怒地说："我搞不懂你们这些有孩子的，你这个笨鸟自己不飞，天天想着享受生活，凭什么生了娃，让娃飞呢！"

是呀，谁说鹦鹉就一定得会说话呢？他就是一个普通孩子又怎样，一个什么都不突出，但是基本均衡发展的孩子貌似也可以有饭吃吧。

我为了不让他也"掉毛儿"，准备欣然接受命运的安排。你们继续在朋友圈晒娃吧，我只想静静地陪着我儿子晒太阳，然后，续口仙气儿，再陪另外一个。

# 别人家孩子是人才，
# 我家孩子是素材

> 素质教育也应该是有规划、有针对性地进行的，绝对不是别人家孩子都学，我们家也得学。

中秋假期的第二天，我带着小张去中国人民大学附近吃饭，并不是为了感受黄庄的教育氛围，而是几个住在海淀的同学把聚会地点约在了那里。

很多年前我走中国人民大学旁边那个过街天桥时，要么是怕被卖光盘的、办假证的拦住，要么就是怕钱包被摸走。可现如今再次踏上这方热土时，我竟然觉得这是一个颇具传奇色彩的地方。

个个牛气，人人"鸡娃"。

我虽然努力不受"别人家"孩子的影响，坚持按照自己缓慢的步伐鸡娃。但是耳朵很忠诚，总是能一字不落地听到所有关键信息。

同学在中关村某小学的闺女读二年级，比小张还小半岁，已经考完 PET 了，单词量 6000，再考就是 FCE 了。（PET 和 FCE 都是剑桥英语等级考试，分别是第二级和第三级。）就这样，她妈说："这根本不算特别快的。"

这小姑娘连跳绳都是一分钟 180 个起。她说其他同学都这样，不到 150 个，都不好意思说自己会跳绳。她的奥数已经是三年级水平了，不用家长看着，基本可以自己搞定。

小女孩非常活泼，觉得学习挺有意思的，一点儿不是书呆子的样子。她成绩好，老师同学都喜欢她，她觉得很享受。

我因为实在没什么好说，只能表示："哎哟，可真棒！"一直沉默的小张说话了："我们班女生也挺喜欢我的！"

我表示："你此话怎讲？"

他说："她们总是打我，有几次都把我追到厕所去了！"

大家哄笑。我儿子，真是可爱得很呢！

有一个周末，我带着小张去一个养狗的朋友家做客。她家有两只狗，一只大边牧，一只小泰迪。养狗的老母亲和养娃的老母亲各种寒暄后，进入了自说自话环节。

我说儿子，她说狗。

但显然因为不用看作业，不用陪学习，养狗的老母亲对于狗更为满意。

"哎哟，我们家大王（边牧）可聪明了，你说什么话它都听得懂。我跟你说，特别神奇，我遛它的时候，顺便看小区里大妈跳广场舞，看了几次，它就会跳了。它还会识数，我觉得只要我好好教教，它都能做数学题！它还能帮我带小咖（泰迪），别提多和谐了，哎哟……"

我表示实名羡慕："养儿方知养狗好，养俩儿方知养俩狗好。"

中年妇女之间可以维持友情，无外乎是知道把握尺度。

她看我一副怅然若失的样子，就表示其实狗也并不完美："你不知道，狗有多爱啃咬东西。我所有带花的鞋子、包，只要上头有花，都给我啃下来。我简直欲哭无泪！你都想象不到，我们家沙发垫也让狗撕得乱七八糟的，我爸订的报纸，基本都得从它嘴里抢，一不留神，就给撕碎了。"

我心中暗暗庆幸，还好我儿子没这习惯。

小张回到家，十分认真地和我说："妈妈，你可以给我养一只狗吗？"

"为什么？你不是一直梦想着有一只猫吗？"

"因为……因为，"他眼中闪着光，"因为如果我养好了，它可以给我做数学题。万一养不好，它还能把我的作业撕碎。"

我听了，几乎要吐出一口鲜血，生命差点儿定格在八月十五之后那个微凉的北京秋夜。

我儿子看我脸色不太好看，又十分诚恳地说："妈妈，你是不是特别感谢我？"

"儿子，此话怎讲呀？你哪儿来的自信？"

"妈妈，你要这么想，我要是每天一回家就写作业，一天总是做题，你的公众号不就没东西写了吗？你看看你现在，那么多可以写的东西，不都是因为我吗？"

我谢谢你啊。你要是一天到晚做题，我可以写怎么给我儿子做学科启蒙，怎么把他培养成学霸，我可写的东西多了！

现在倒好，别人家孩子是人才，我儿子是素材。

我仔细思考儿子怎么就成了素材这件事儿，并且在我的"难妈营"群里和大家探讨这个问题。老母亲们一致认为儿子是素材库这事儿，应该和他是一个男孩有关。

男孩子，尤其是幼儿园和小学低年级阶段的，要比女孩子难养很多。

所以小男孩的妈妈们，勇敢地接受这个"素材库"对我们的磨炼吧。我也不能全怪命运的安排，他成为素材，其实和我曾经的教育理念也有关。

作为一个朝阳妈妈，我一度在素质教育的深海里不能自拔。我前前后后给他报了十四个兴趣班，总想着我可别耽误了他。但是报的班太杂乱了，**素质教育也应该是有规划、有针对性地进行的，绝对不是别人家孩子都学，我们家也得学。**

我现在改了。好多不知道学了是为什么的兴趣班，我都停了。停了之后，家里消停多了，就那点儿作业，那点儿试卷天天练，孩子的"黑料"少多了。

不和别人比，和他自己比。 我在教育孩子这事儿上，可能

"爆点"有点儿低了。看别人的时候我们都很清醒，但是一轮到自己上场，就立刻撸胳膊挽袖子，欲揍之而后快。

小孩有时候真的太气人了。你教七遍八遍他不会也就罢了，还一会儿抠抠这儿，一会儿碰碰那儿，一副心不在焉、无所谓的样子，要么就是"我就不会了你怎么样"地耍无赖。我曾经吼到从心脏到子宫都觉得要爆炸。

比如有一个周末，小张在读文章的时候，foolish 这个词怎么都读不对。我教了四五遍，他还是一张嘴就 fluish、flush，百般胡说八道。

我说，你能用心听我读吗？他表示，我就是不会。

我发现我现在道行真是深了，气极会笑。说孩子不能吼不能骂，纯属胡扯。但是遇到一点儿问题就大吼大叫，也真是一点儿用没有。因为只有两种结果，孩子疲态了，你说什么他都无所谓；或者孩子变得非常胆怯，不敢说不敢做，总怕错。我现在能忍多了，虽然他依然一道题目超过三句话就懒得读。

那晚，小张突然问我："妈妈，你最爱谁？"

"你猜？"

"你最爱爸爸。"

我和老张惊恐地对视了一下：难道是我们的戏太足了，给了孩子这种误会？

"你再猜。"

"吉米。"

"你再猜。"

"爷爷奶奶。"

我表示："你为什么会这么说？"

"因为你从来不让他们写作业、学习。所以你肯定更爱他们。"

我脑子里出现了奇怪的一幕：新闻报道，一个中年妇女每天激励自己的公婆学习，最后把他们送进了"985"名校。

老张听了小张这么说，语重心长："儿子啊，别总觉得学习苦，吃得苦中苦，方为人上人。"

"爸爸，你小时候吃过苦吗？特别苦吗？"

"当然了，爸爸小时候当然吃过苦了，那会儿呀……"

"可是，爸爸，为什么你不是人上人呢？"

是呀，其实我们大部分人最终都是普通人。只是普通人要想生活得更精彩，才需要付出得更多。希望我儿子懂这句话时，不是已经人到中年。

# 为了让孩子成为"别人家的娃"，
# 我拼了老命

> 孩子的确是"碎钞机"，但是不冷静的妈
> 绝对是"碎钞机"里的战斗机。

我住在朝阳区，这个北京最不同凡响的区域，有国贸 CBD，有新光天地，现在叫 SKP，有无数的大公司，有最潮的街区三里屯，有最文艺范儿的 798，有使馆区、外企总部、高端的楼盘……应有尽有，就是没有好学校！

所以住在这一片区的妈妈，在孩子三岁之前还都心态平和。孩子到了三岁，好多妈妈就开始想着搬家了，坚决不让孩子因为学区房埋没在大朝阳。

　　我也不是没动过搬家的念头。老大幼升小的时候，身边很多人跟我讲：你知道吗？即便你孩子在朝阳区很优秀，但是如果有一天他有机会去"西海"（"西海"是北京西城区、海淀区的简称，是北京乃至全国的教育高地）读书，他也完全跟不上，他会很痛苦的。

　　在我还没有张嘴说话的时候，他们又安慰我：不过看你目前的情况，他没有什么机会去"西海"读书。我问，为什么是看我的情况，而不是看他的情况？他们简直像看傻子一样地看我，说：你以为上学拼的是孩子吗？那拼的完全是你。

　　你知道我们有多久没有在十二点之前睡觉了吗？

　　你知道我们有多久没有过周末了吗？

　　你知道我们带孩子刷了多少奥数班吗？！

　　What？多少奥数班？难道奥数班不是上或者不上，而是要上多少个的问题吗？无知限制了我的想象力。于是，我找了一位升学方面的专家，真心诚意地向他请教。

"老师，我儿子今年九月要升学了，有一些事情想请教您。"

"你儿子在哪儿上学？"

"朝阳。"

"朝阳？哦，那让他快乐成长吧。"

专家说，你知道海淀的家长群都叫什么名字吗？都叫那种你看了群名就热血沸腾，就想扛着枪去打仗的名字。

你知道朝阳的家长群都叫什么名字吗？就是那种快乐成长、无忧童年之类的。

你知道海淀的家长群有多少个吗？一个又一个，因为五百人的群很快就满了。群里各种学校、辅导班、政策分析，甚至还有最优解题思路。

你知道朝阳的家长群有多少个吗？有一个，勉强凑出一百多人，还时不时讨论个舞蹈班、围棋课！

你再看看人家海淀家长陪着孩子上辅导班是什么态度。那得自己先听明白了，回去才能辅导孩子。那笔记做得要多细致有多细致，你看看你们朝阳家长，陪着孩子去，就知道看手机！

曾经有一个家长，在我的文章底下留言：

"我住在清华教授云集的小区里，儿子六岁，读幼儿园大班。孩子三岁开始学英语，现在可以和外国人沟通，自己编小故事，一口标准美式发音，看原版迪士尼动画无障碍。数学两位数加法的竖式题二十分钟做一百道。学了两年多画画，学了一年钢琴。我觉得自己挺压迫孩子了，但是天天被小区妈妈们鄙视。我们小区的'牛娃'们，有的大班认识两千多个字，有的小学随手一幅漫画就是可以出书的

水平，有的初中开始学大学物理课程，他妈请清华教授单独给他上课……"

这种学习氛围和拼妈拼娃的程度根本让我闻风丧胆！

不提那些"疯狂"的海淀妈妈，我这个朝阳妈妈身边，就有两位混迹在"西海"的妈妈。

啾啾妈，把啾啾送到了全英文浸入式环境的国际幼儿园，一年学费要十几万。啾啾念了几年国际幼儿园后，啾啾妈还是选择买学区房，准备把孩子送进公立学校。

图图妈，虽然没买学区房，但每周带孩子去海淀黄庄学习数学思维课程。图图四岁半的时候，挑战数学华容道，最快速

度二十二秒，到了五岁，提升到了最快十六秒。

"别人家的孩子"就在眼前，让我想不焦虑都难。

我并不后悔没有搬去"西海"，因为我不仅有老大，还有一个老二。我没法接受爸爸带着老大在海淀租房子，我带着老二在朝阳过日子。我更不愿意一家四口从窗明几净的大房子换到阴冷潮湿的"老破小"。

但我不愿意失去，并不代表着我不愿意付出。为了让孩子在朝阳也能成为"别人家的孩子"，我简直可以说拼了老命。

从孩子三岁开始，我就给他报兴趣班。小张三岁半，学画画；四岁半，启蒙少儿英语、学跆拳道；五岁，踢足球；六岁，学钢琴，配合钢琴学视唱，学习朗诵、滑雪；六岁半，学书法；七岁，学乐高、数学思维、乒乓球和高尔夫……前前后后，我给他报了十四个兴趣班，我整理完，都觉得自己很疯狂。

孩子的确是"碎钞机"，但是不冷静的妈绝对是"碎钞机"里的战斗机。

你说我这二十万花的算什么？算消费吧，带给我的快乐真不如买包。为了养孩子，我两年都没买包了。这二十万，我可以左手一个马鞍包，右手一个芬迪小怪兽，再挎上一个流浪包。还有的剩！

算投资？投资失败！钱撒出去了，时间花出去了，我也明白老张说的贪多嚼不烂是什么意思了！

很长一段时间我都觉得，在孩子小的时候我让他接触得多一些，是给他选择的权利。但是我忽略了，当选择多了，就选择障碍了。当一切开始得太容易，就不珍惜了。

有些领域，当兴趣没什么，但要想将其练成孩子的特长，需要的时间特别长，需要的付出特别多，需要的心理素质特别强大。即便这些都有，还需要天赋。

这十几个兴趣班，孩子坚持到现在的，只有英语、数学、滑雪和书法，前两者是稍微有希望成为优势的学科类科目，后两者完全是孩子的"真爱"。其他的，都在鸡飞狗跳的家庭战争，以及孩子大人一起犯懒中，逐渐退场了。

其实我心里明白，在"西海鸡血妈"给我造成巨大焦虑的时候，我也可能是别人焦虑的源头。小张不一定能成为"别人家的孩子"，只能说比上不足，比下，还是有余的。

说是自我安慰也好，说是知足常乐也行，毕竟别人家的孩子再好，那也不是我生的。将来我躺在病床上，决定要不要拔管的，还是小张和吉米。

# 揭秘自然之谜，
# 别人家的孩子为什么这么牛？

我当不了坚韧不拔老母亲，所以也别逼孩子成为牛气冲天小娃娃。

在教小孩这件事上，如果你不想疯，就不要总是纠结"我教没教过你？""你到底学没学过？"因为只要你一段时间不重复，那无论教过什么、学过什么，就都约等于无了。

有一天我给小张复习英语。他学自然拼读的时间不短，学得也算凑合，可是那天做练习，他却突然像脑子短路——bell和ball分不清，pet和pete又混淆了。我声调就稍微高了那么一点点，他干脆d、b都不分了。

我说："你看，这几天不练习就不行吧！你还是练得不够，阅读量少。"

他干脆比我还横，说："小孩儿不记得很正常，难道你所有的事儿都记得？！我一天要学那么多东西，我才上一年级！"

我养一个"熊孩子"也就罢了，可是我养的竟然是一条鱼。刚刚说了 slowly 最后两个字母发音 li，一秒钟之后他自己读就把 l 的音"吃"了。眼看快九点了，我唉声叹气地请他去洗漱了。

小孩就是这样没心没肺。无论你之前说过他什么，他都会在睡前开心地叫着"妈妈、妈妈"，和你说一些有的没的，然后呼呼睡去。

在我眼看就要忘了这个今晚 d、b 不分的"鱼孩子"时，手机开始"嗡嗡"地振动。九点半之后，各个老母亲群都开始活跃起来。

我一眼就看到了一个英文绘本阅读群里，群主才六岁的女儿已经可以自主读"牛津树"第九级了。就这样，这个妈妈还打算带她从头再刷一遍。

这个妈从孩子两岁开始，就每天带着孩子读绘本。小猪佩奇那一套书和点读笔，我就是跟着她买的。结果人家孩子从头到尾读了六遍，我们家小张依然停留在小猪哭那部分。

我虚心地向"英雄母亲"取经。结果人家妈妈特别谦虚，说自己孩子"菜"得很，并介绍我入一个"鸡血妈妈群"。

"鸡血群"里的妈妈们果然都在讨论各种"鸡娃"方法。我在想，这么搞是不是有点儿不人道！她们的孩子才两三岁呀。人家妈妈一句话就让我无言以对：其实孩子刚开始都差不多，后来差得多了，就是妈妈没坚持。

可是不是我不想坚持啊！我儿子钢琴课上得有点儿差劲，关键就是练得少。你指望老师一礼拜上一次课，一节课 45 分钟能拯救他，是万万不可能的。

我一开始看得很紧的，紧到我自己除了指法不行，五线谱读得那叫一个溜。后来我实在是懒得看贼似的看着他了。一弹琴他就先拉后尿再喝水，求安慰，求拥抱，让他多弹一遍，半分钟的事儿，他会用十分钟来强调自己有多么不应该多弹。每次陪小张练琴，我都觉得胸口疼。

我真是坚持不了了，特别希望老师可以斩钉截铁地告诉我：别练了，不是那块料！但是人家老师素质多高呀，批评我说："你是没有给孩子设置目标。任何没有目标的学习都是盲目、无效和没有乐趣的。"

正和钢琴老师聊着，我看到一个朋友发了一条朋友圈："谢谢大家的关心和鼓励，小芽这次比赛又是金奖，付出总有回报。"

这个朋友的女儿练花样滑冰，动不动就获得全国比赛、亚洲比赛的少儿组金奖。每次在比赛之前的一段时间，她是这样让她闺女练的——每天下午放学，写作业，吃饭，睡觉。夜里十二点到凌晨五点包场训练，因为那个时间段包场便宜。孩子回家稍微睡下觉，吃点儿东西，去上学。她闺女瘦得跟小猴儿似的。

我发了一条"看孩子练钢琴气得肝疼"的朋友圈。这个妈在底下留言："都是花时间练习，练不出成绩，不如不练。你必须得逼，不逼不行。"

我说："你那么逼，我做不到，孩子太累。"

她说："她累，我也累呀，无论几点我都得陪着！她睡了，我可睡不了，我得给她准备吃的喝的，我还有老二要照顾。你还是自己懒！"

轰，五雷轰顶。

我也是服气的，这都什么身体。这样熬，还能生二胎！

我那天发了一篇文章，说我置顶了班级群。前同事给我发了一个她微信置顶的群，她儿子刚上三年级。

她说："朝阳区到了三年级都没什么作业，但是妈妈们都会给孩子买《黄冈小状元》做做。如果想提高孩子的英文综合能力，可以去报一个某某精读班，效果不错。你看我儿子刚刚完成的听力作业，根本不行，肯定不合格。你不知道现在的孩子都什么水平！有一些成绩很好的小孩妈妈，发个朋友圈别扭得不行——'哎哟，我小孩太爱读书了，每天一回家就写作业，做一百道数学题，停都停不下来。我想让她出去疯，小孩难道不应该爱玩的吗？哎呀，她所有东西都会，总是班里前三名，可是我还是焦虑怎么办？'"

大半夜的，我睡不着了。我列出了小张所有的兴趣班，一遍一遍地排时间表。我写了划，划了写。我决定该放得放。我拼尽全力，奈何他大打太极。我过于紧张，让我们都如此暴躁。我当不了坚韧不拔老母亲，所以也别逼孩子成为牛气冲天小娃娃。那些朋友圈的疯狂老母亲，我只能远远膜拜你们了。

隔壁办公室的一个妈妈每天都会晒她给儿子做的早饭。周四，她在朋友圈晒了给孩子准备的秋游便当，说必须一早起来做，不然肯定不好吃了。

原来秋游还要这样给孩子准备便当的。我立刻不淡定了。去年，我儿子秋游，我给他带了一个面包、一根黄瓜。这么看来，的确有点儿凑合。

她给我发了很多工具，告诉我给孩子准备秋游便当一定不能凑合。这是体现妈妈存在感和小朋友存在感的时刻。当所有小朋友带的都是买的面包、香肠和牛奶，而你儿子打开饭盒是妈妈做的饭团、青菜、排骨，甚至是热汤时，孩子会收获所有小朋友的惊呼和艳羡。如果你自己做三明治，可以多做几块，你儿子会立刻收获好几个朋友的。

这位妈妈，你有心了！可是早晨要早起，我实在不行呀！

早起都不行？为孩子付出体力劳动是最低层次的付出了！而且你都是朝阳妈妈了，你再不在孩子吃穿用度上多费点儿心，你对得起孩子吗？你以为，为什么会有别人家的孩子？

人家孩子吃得多吃得香，是因为人家妈妈做得好吃。

人家孩子琴练得好，是因为人家妈妈督促得紧。

人家孩子数学好英语好，是因为人家妈妈陪着做的练习册多。

人家孩子……

你朋友圈里只看到别人家的孩子，没看到人家的妈呀！

轰，又一个炸雷！这些妈妈，都是什么觉悟！我又被刺激到了。

别人家的孩子不会让我失望，别人家的老公也不怎么样，别人家的婆婆让我有了活下去的希望，别人家的妈妈让一切都不一样！

我曾经一度觉得"别人家的孩子晒特长，我的孩子晒太阳"

也可以吧，顺其自然。但是越来越发现，我根本做不到顺其自然，所以该抓还得抓。因为学习真的是苦差事。你让我回到青春年少，我最多愿意回到大学，绝对不愿意回到小学、中学。我们都不爱学习，更别说孩子了。

在家庭中，无论妇女们是职场妈妈兼职带娃，全职妈妈兼职上班，还是全职妈妈不用上班，教育这杆大旗都得我们扛。所以这场教育的比拼，就是老母亲之间的比拼，拼耐力，拼体力，拼情商，拼智商，拼综合素质。

我是朝阳妈妈，我有两个儿子。六年后，老大小升初，老二幼升小。十二年后，老大高考，老二小升初。我的人生，在我五十岁时，依然要为孩子升学而发愁。所以，我肯定是不能跟那些用特殊材料制作的老母亲比。那样我肯定活不过五十岁！

但是我绝对不会去吐槽"牛娃"背后的老母亲，人家那意志品质能"炸碉堡"，不是一般人。

像我这样广撒网的妈只是花钱拼时间，在一项或者两项上陪娃深挖的妈是花心血拼命！我只能稍微挑战一下自己，尽力而为。从买个饭盒，给孩子尽心准备一份秋游的午餐开始。

爸爸干吗呢？全国的爸爸，女儿叫"艾凤"，儿子叫"华为"！

如果我能解决"爸爸为什么不能干"这样的世纪难题，我也许可以得诺贝尔和平奖了。

# 第五部分

# 别人家的爸爸，Just so so

　　真正的英雄主义是认清了生活的真相，还依然热爱它。老母亲在婚姻里，都算是英雄吧。我们都努力活成了自己年轻时想嫁的男人的样子。

# 灵魂拷问：
# 我为什么要嫁一个汉子？

任何事情只要合理预期，就不会失望。嬉
笑怒骂可以，但是绝对不会让自己伤筋动骨。

周末是老母亲们带着孩子上课外班的时候。一般这个时候我们的读者群都格外热闹。本来是在讨论孩子的教育，结果一不小心又"歪楼"了。

妈妈们纷纷表示：

我每次都说我老公跟需要输入程序的机器人一样，让他干什么他就干什么，其他的多一件都不干。

跟老公布置任务要精准，不能说煮饭！要明确说今天中午十一点煮三个人的米饭。

以前我还觉得这样会不会像命令，后来他说："你拐弯抹角的我咋知道，要做啥你说不就好了！"

我婆婆总是夸我老公细心，说实话，我一点儿都没看出来。我感觉我老公一回家，头脑就被门夹住了，带不进来。

……

老母亲们都搞不清楚，这些男的在外头都聪明伶俐的，怎么一回家都像低能弱智一样，什么都指望不上了。

我有时候也会在文章里抱怨男人，于是后台就有人留言了：你天天抱怨，怎么不离婚呢！

是呀，为什么呢？这事儿要从根上说，得说说我为什么要结婚。我们决定结婚的时候，必然是因为爱。

当年我和老张还在热恋期，我怎么看他怎么顺眼。我带老张回家见家长，觉得我妈给他的评价一定也是特别积极的。但我妈表现得颇为冷静，说了一些有的没的，最后幽幽地说："嗯，我觉得这个小伙子头发不怎么好，他们家人没有秃顶的吧？"

　　我立刻去问老张，他说："没有，没有，我就是发际线高，你看我爸也是，就是这种头型。"

　　结果，在我们的婚礼上，我看到了他全秃的叔叔，几乎全秃的表哥……现在，老张也朝着他叔叔和表哥的方向狂奔了。唉，可能是一方水土秃一方人吧。

　　我当时也不知道是怎么想的，我明明是喜欢小白脸儿的，怎么就千挑万选了一个小黑脸儿结婚了？后来想想，两个本来陌生的人生活在一起，种种鸡零狗碎，有争吵、有烦躁，大家也都熬着。很多年轻时不接受、觉得不可能的事，现在好像也没那么有所谓了。还不都是因为有当年的那份感情支撑着。

　　女人结婚，自然是喜欢稳定的生活，喜欢被照顾。我也不例外。但现实是，男人结婚并不一定是喜欢稳定的生活，但肯定是喜欢被照顾。

我听过一句非常好笑的话：我以为结婚之后老公会为我遮风挡雨，但是没想到所有的风雨都是他带来的。

结婚前可以给我煲汤的老张，婚后像被人打断了双手，什么都不会了。他幻想着我可以是田螺姑娘，人美话不多，不爱逛街，就爱干活。

结婚的时候，我总觉得自己有能力改变这个男人。但是后来我发现，他没有爱我爱到愿意为我改变，我也没有爱他爱到愿意为他改变。所以很公平。

我依然喜欢买东西，换下的衣服随手乱放，丢三落四。他依然偶尔喝多了会变得极其爱伸张正义，追着开进小区的车子，质问人家知不知道车子不能开进来。

我暑假带小张去哈尔滨的东北虎林园。解说的导游口沫横飞地讲武松，说他因为喝了酒变得特别勇猛……结果小张特别大声地说："我爸爸喝多了，也能打虎！"

我对婚姻很失望吗？并没有。**任何事情只要合理预期，就不会失望。嬉笑怒骂可以，但是绝对不会让自己伤筋动骨。**

我知道没有那么多天作之合。我知道婚姻里找到"就是那个人"的概率实在是太小了。所以有矛盾时，我很少想，我们就是不合适。因为，我知道，我也许和谁都不合适！

婚姻中的很多问题，都和性别差异有关，这是天性。

比如男人更偏理性，女人更偏感性。遇到什么事儿，女人更多的是想：没办法，这人怎么针对我，今天怎么这么倒霉。然后很伤心、很郁闷。而男人更多的是想怎么办。所以我们在家往往只是想和男人抱怨抱怨，诉诉苦，让他们安慰我们几句，但是换来的却是男人的说服教育和大道理。

男人的脑回路更短一些。你唠唠叨叨说了一堆，结果他们要么是记不住，要么是会错意。对于男人，你不能暗示，如果你有什么话、什么诉求，必须要说清楚。比如你生日的时候想要礼物，就应该在生日前三个月，不停地提醒：我要过生日了，别忘了给我买礼物。如果第二天就是你的生日了，他还没有要去买礼物的意思，那就直接让他转账好了。

男人和女人的兴趣点完全不同。你觉得那些黑漆漆的单反相机都长得差不多，就别埋怨你老公分不清你化妆品的牌子、口红的色号。你老公换了一辆同样颜色的车你看不出，所以你换一种发型对他来说，不过是换了一种丑法，看不出来很正常呀！他一定知道你家车子的各种配置，而很少记住你的身高、体重和三围。

男人的心普遍要更大一些。他们体内 5- 羟色胺的分泌量比女性多 52%，5- 羟色胺可以带来快乐，也可以让他们更快地忘记一些不愉快。老张前一秒还在和我声讨孩子学习不自觉，后一秒知道我晚上有事会回家特别晚时，表示那让孩子住奶奶家好了。男人对于孩子学习的重视，恐怕只会出现在家长会后的那个晚上。

这么说来，天底下的男人虽然不一般秃，但是都一般"黑"呢。所以，何必费力气去教育别人的儿子呢。

那是不是就别结婚了？当然不是，因为肯定有一些男人是克服了性别差异的鸿沟来爱你们的。碰到这样的男人，不结婚

不是亏大了。

万一没碰上那样的男人就要离婚吗？当然不是，因为大部分人都碰不上，碰上的概率和买彩票差不多。

难道婚姻真的是爱情的坟墓吗？不知道，即便是，爱情也算寿终正寝了，不是吗？

真正的英雄主义是认清了生活的真相，还依然热爱它。老母亲在婚姻里，都算是英雄吧。我们都努力活成了自己年轻时想嫁的男人的样子。只是**再坚强的老母亲，都很容易满足，都会因为家庭带来的那一点点温暖，而得到极大的慰藉**。我们在很无助时，在生病时，在早上实在起不来，爸爸带着要上学的孩子轻手轻脚地出门时，都能感受到那一份踏实和安心。

婚姻也许埋葬了爱情，但是它也收留了心灵。

中年人的婚姻，你敢说天长，我就敢递酒。

# 别人家的孩子从不让我失望，
# 别人家的爸爸也不怎么样

生而为人的快乐就是可以辩证地看问题，学会苦中作乐的本领。

有一个周五晚上，我有事，下午提前发了信息嘱咐老张看着孩子把作业做完，别什么都等着我。

我回家都快十一点了，老张正在书房通过美剧了解世界政治经济局势。

我问他："小张作业完成了吗？"

老张看都不看我一眼："没有，他不写，我有什么办法。还是你来吧，他就听你的。"

不止一次了，无论孩子磨蹭到什么时候，无论我几点回家，看作业都是我这个老母亲的事儿。我八点回来就八点看着，九点回来就能等我到九点！这妈是亲的，爹也是亲的，为什么在看作业这件事儿上，爹的作用就和没有一样呢？！

曾经有一次我出差，周日晚上回来，进门快十点了。本来我还担心我不在，老张和小张会吵架。结果我真是多虑了，人家两人一天到晚地吃喝玩乐看电视，怎么可能有矛盾！

我问："作业做完了吗？明天可就要上学了。"

结果两个人都一脸懵，同时问我："作业是什么呀？"

小张大哭大闹，老张振振有词："你自己的事儿就应该自己上心。"

而我放下行李，脸都没洗，按着小张写作业。我心里骂道：他自己怎么上心，作业发在微信群，你不管他，他能写？

唉，中年夫妻处成兄弟，没有感情困扰，没有婆媳危机，吵架 80% 是因为孩子！

## 老母亲每天打卡，男人每天打岔

对于男人看作业这件事，我并不是很怕他完全不管。他完全不管，基本算是死火山，当个父爱如山的景点就完事儿了，谁家没有点儿不怎么实用的摆设呢？但是有的男人，是非常不稳定的活火山，随时可能喷发，杀伤力极大。

有一次我陪着小张弹琴。在小张基本认命，已经磕磕绊绊地在弹的时候，老张突然说：

"你知道吗？我今天回家时听了一个访谈。一个叫牛牛的钢琴家，他三岁时，在家突然就打开一个乐谱，从头到尾地弹完了，根本没人教过他弹琴。只不过他爸爸是钢琴老师，经常在家弹而已。所以，你说学音乐这些都得靠天赋，是不是？是不是？"

我用眼神杀死他。

正在弹琴的小张从椅子上跳了下来，欢快地说："妈妈我不用弹琴了，反正我没有天赋。"

于是，我又把刚说过的话重新说一遍，他再哭一遍。

老张在我基本快"招安"小张时，又幽幽地说了一句："唉，放过他，也是放过你自己！"

我今天绝对不会放过你！

男人们啊，"丧偶式育儿"可怕，更可怕的是"诈尸式育儿"。


## 不出活儿，
## 还嫌弃老母亲的方式方法

男人就是这样，喜欢指手画脚。

我是孩子亲妈，我难道不想和他客客气气，母慈子孝？我难道不想温柔坚定，不急不躁？

可是，一个题型他学了仨月，几个常用单词学了半年，再看到时还和刚认识一样。明明一分钟之前才教过，小鱼孩儿转眼就忘了。你说他几句，他要么扯着脖子比你话还多，要么就眼泪汪汪、如丧考妣。让他多弹三遍琴，任你好话歹话说了一大筐，人家也一动不动。

"别磨蹭了，能不能快点儿？！"

"这题学没学过，学没学过？！"

"教了一百遍了，为什么还不会？"

"你上课干吗去了？你会不会听讲？"

"你的心思都在哪儿？"

"你是不是傻，是不是傻？！"

每次老张看我吼孩子，都会突然出现在书房门口：

"你能不能有点儿素质，有点儿方法？你这样都把孩子的性格毁了！"

"你除去吼，还会什么？"

"他还是个孩子！"

"你是不是要求太高了！"

"你怎么那么没有耐心！"

"好孩子都是夸出来的，你知不知道！"

他的性格毁不毁我不知道，但因为看作业，我可能会先被毁掉。我吼他之前，花了多长时间教他，你是选择性耳聋了吗？他不能永远是个孩子。我的要求一点儿都不高，写作业这个要求很高吗？话这么多，你行你上啊！

好孩子都是夸出来的，不等于夸出来的都是好孩子，逻辑了解一下！

## 说一套做一套，
## 边玩手机边咆哮

男人说，你走开，让我来！

三分钟后，他大喊，你来吧，你来吧，我再也不管了，或者开始"武动"双手，舒筋活骨。

阿姨休息，吉米"闹觉"。老张自告奋勇："今晚我来看孩子学习。"他一边看手机，一边看孩子练琴。

小张有一小节没弹好，他就头都不抬地吼："注意手形！"

小张自然不服："什么手形，关手形什么事，这两个小节指法变了，我根本够不着！"

小张哭着想跑，老张一把捉住了他。

男人对于别人做不好的事，除去年轻貌美的女性会激发他

们显摆的本能，可能让他们稍微有点儿耐心，对于其他男性，包括自己的亲生儿子，都只会觉得"他就是笨，无法教育"。所以男人看女儿写作业，可能会稍微好些。看儿子，唉，就是战场。而我自然不能允许一个平时不管，一管就动手的爸爸存在。我辛辛苦苦生的孩子，你凭什么敢动手动脚？

爸爸普遍对教育孩子没有概念，要么犯贱，要么执念。有的爸爸完全不管，觉得孩子还是我的好，不用管，肯定成才。有的爸爸完全没有方法，觉得我的孩子肯定错不了，错了揍一顿就好。

男人在老母亲"鸡娃"时，总觉得"没必要，没必要"，在看到朋友圈别人家孩子晒特长时，又是一副恨铁不成钢的样子，

"忍不了，忍不了"。

他们在老母亲教育孩子时，经常说些小怪话，质疑我们没方法，可是自己一管，三分钟就爆炸。但有一点很神奇，无论什么样的男人，在孩子有一点点成绩时，都会觉得是自己的基因好。

有人说："你这太夸张了，男人不可能这么没用！"

当然，如果不纠结男人陪孩子的质量，其实还是可以让自己有一丝喘息的。

有天早上，我让老张带着小张去首都图书馆看书。两个人从九点开始，讨论是开车、打车，还是坐地铁。讨论大概半小时后，老张又一次去了厕所。他从厕所出来时，快十点了。我飞起两脚把他们踢出了门，爱怎么去怎么去。

对于男人带孩子，老母亲的基本要求就是，狠得下心，撒得出去，带得回来！

对于小张，现在我们一提到学习，沟通方式是这样的：

"上英语课了！"

"不想上。"

"好吧，练琴。"

"妈妈，我要上英语课。"

"练琴。"

"不想练。"

"好吧，法国视唱。"

"妈妈，我练琴吧。"

人没法做到想干什么就干什么，不想干什么就不干什么。这是生而为人的痛苦。但是生而为人的快乐就是可以辩证地看问题，学会苦中作乐的本领。

要知道，这世界上只有享不了的福，没有吃不了的苦。

# 嫁给一个文科生，
# 恐怕会耽误我儿子一生！

---

智商是父母给孩子最高级的学区房，我们家这个爹显然是给了儿子一个"渣小"旁边的小破房！

---

在小张幼升小那段时间，有天我和大学同学吃饭，我这个准小学生妈妈的朝阳妈妈虔诚地向她这个海淀妈妈取经。他儿子马上要上初三了，在海淀一个很不错的中学。

"你儿子小学几年级上的奥数？"

"从来没上过，我懒得送。"

"啊，在海淀都不上奥数。那他数学跟得上吗？"

"应该还好吧，反正班里一般都是第一，年级前三？前五？我记不清了！一直都这样儿，我也没怎么关注过。"

还能不能愉快地聊天了！

但是当妈妈听到别人家的儿子可以让别人家的妈妈那么省心时，就像是鲨鱼见到血沫子，肯定要冲上去问："Why, why, why？"

"哦，我们家是我老公负责数学的。他就是在孩子上小学时研究了一下奥数书，觉得也没什么，都是套路，反正就那么回事儿吧。他就自己教教，也不知道他什么时候教的。反正孩子有问题也从来不问我，问我我也不会。"

哎哟，各种风轻云淡。

"你老公数学很好吗？"

"哦，我老公是北师大数学系的博士。"

真的，我没忍住，几乎一口老血喷出来。嫁给一个理工男真的是一件成全自己，造福孩子的事儿！那嫁给一个文科男的家庭是什么样的呢！

我们家的画风就完全不一样了。

最近，我在给孩子讲一些要稍微动点儿脑子的题。比如下边这个：

桌子上有三盘梨，第一盘比第三盘多 3 个，第三盘比第二盘少 5 个。请问第几盘最多，第几盘最少？

第一次接触这种有一点儿绕的题目，孩子是有些懵的。先是搞不懂这个题目到底是要问什么，然后又反应不过来，我比你多多少，就是你比我少多少。他一会儿记不住前半部分，一会儿又忘了后半部分，不会把两部分结合在一起。

总之我讲得口干舌燥，头昏眼花，态度吧，自然也一般了。

小演员哭戏上演，我激素水平失调导致态度不受控制。

这个时候，在书房看美剧的老张探出头，义正词严地让我注意态度。我说："少废话，你来，你来！"他表示"我来就我来"。

我读了一遍题，老张懵懵地看看我："你再说一遍。"

我又读了一遍，他眼睛里是空洞的，我看到了"不会"两个字。

他拿过书，说："你说话太快了，谁记得住！"看完一遍题，他问我："这个，是不是需要列方程？"

你来？吹牛吧你！

我敢肯定，我不是生了一个傻子，我是嫁了一个傻子。嫁给一个文科男，我儿子智商回到解放前！智商是父母给孩子最高级的学区房，我们家这个爹显然是给了儿子一个"渣小"旁边的小破房！

我有一个研究生同学，当然，本科是理科，学物理的。作为一个中年男人，他一不和年轻妹子玩暧昧，二不玩摄影，三不玩牌。他最大的爱好是研究国外的教材。

他是学物理出身的，特别爱研究理科教材，每天下班都在外网上研究理化习题。而他的孩子才刚刚一岁，他就已经这么疯狂地在研究了。理科男的心思你别猜。文科男是怎么样的呢？他们从来没有让你失望过，因为根本就不要有希望。

周末，我们去逛了周围两个大商场，一个是新开的，一个是新装修的。在里头大吃了一顿小龙虾后，我抱怨，怎么这么大个商场，连个学 X 思也没有，摩 X 没有，都是早教和英语的，还都那么贵！

老张看了看我，抹抹嘴上的油，突然灵光一闪的样子："老婆，你说如果我们带孩子去天津上辅导班，会不会便宜一点儿？"

这……话筒给你，告诉我你怎么现在想到了？咱们结婚那会儿，好多人就去天津办婚礼，酒席比北京便宜不少呢！唉，你那会儿要是这么"有心眼儿"，就肯定不会拉低我儿子的智商了。

父母就是孩子的起跑线。为什么这么说呢？遗传基因是硬伤，伤了就不可逆呀。

老张所有关于数字和数学的才能都用在他向我汇报股市战

果的时候。"哎，你那三只股票最近怎么样了？"

"噢，一个没亏多少，一个只亏了一点儿，另外一个差点儿就赚钱了。"亏钱原来有这么多乐观的表述方法，不知道是他智商突然变高了，还是仅仅因为求生欲望很强！现在每天早起准备出门时，我都会飞快地给小张和老张出两道数学题。

"妈妈比垚垚多三块糖，爸爸比妈妈少二块糖，谁最多？谁最少？"

"爸爸比妈妈少五块钱，妈妈比垚垚多七块钱，谁最多？谁最少？"

于是，每天早上我都像听了两个鬼故事。

你可能会问，我是文科女还是理工女？我要是理工女，还会在意嫁了一个文科男吗？老张和我的区别不在于文理，而在于男女！

爸爸再忙，也得把孩子当成自己的另外一个事业。我曾经和一个特别牛的大哥聊天，他说现在觉得自己牛根本不算牛，孩子牛才是真牛！

奥巴马当总统时都回家吃晚饭，也不耽误给孩子开家长会。所以爸爸们，文科男数学不行，讲故事总行吧，中国字总认识不少吧，再不行，陪着跳绳儿总行吧！

我怀着老二都快生的时候，带着老大去参加一个英语比赛。现场还有一个家庭，妈妈的腿都打着石膏了，还让爸爸扶上台陪着孩子表演。赛后，评委说，他觉得特别感动，看到了大肚子的妈妈、腿摔了的妈妈还在坚持陪孩子学习。

我的心里话，下文替我说了。

从小我觉得最厉害的人就是妈妈，她不怕黑，什么都知道，做好吃的饭，把生活打理得井井有条。我哭着不知道怎么办时只好找她。可我好像忘了这个被我依靠的人也曾是个小姑娘，会怕黑也会掉眼泪，会笨手笨脚被针扎到手。最美的姑娘，是什么让你变得这么强大呢，是岁月，还是爱？

答：是你那个不成器的爸。

# 说好一起到白头，
# 你却半路秃了头

爱情是我们当年发誓要一起到白头。婚姻很可能是，你半路却先秃了头。

有一年九月十号是我和老张结婚十二周年纪念日。

十二年算是什么婚？

我看网上有写丝婚的，麻婚的，还有链婚的。不管什么婚，在这个日子里，总要有点儿情调，有点儿仪式感，或者说白了，得给买礼物吧。

我很自然地在八月十七号那天，老张并没有什么表示时，善意地提醒了他一下，七夕这种全国人民的节日我就不计较了，马上什么日子要来了你总知道吧？

"垚垚要上小学了？"

我眼中有不屑。

"吉米要打疫苗了？"

我眼中有不满。

"你要过生日了！"老张这次颇为笃定。

我眼中有杀气。

"结婚纪念日，老娘嫁给你十二年了！"当初我也憧憬过嫁的人可以是骑着白马来娶我的王子，而老张和王子也是有共同点的，都快秃了。所以人称我"朝阳凯特"。

老张表示："淡定淡定。这些纪念日什么的，不是逢五逢十才需要庆祝的吗？这种十二年什么的是不是就不要讲究了？"

"好吧，以后你就逢五逢十再吃饭，其他时候就不要浪费粮食了！"

小张听到我们的对话，表示很愤怒。

他说："爸爸，你能娶到我妈妈这么好的人，还不知道好好珍惜她，你是不是有病？"

老张表示："你看我这么配不上你妈妈，不然给你换一个我配得上的？"

我听了之后，特别生气，甩门而出，不过了！我开着我的

玛莎拉蒂，直奔我在顺义的豪宅，那里已经有一帮朋友等着开香槟庆祝我重回单身！我咯咯笑得合不拢嘴。

人类失去想象，世界将会怎样！

我当然不会生气。我早就过了会因为几句话就生气的年龄，因为气多了，就自然"累觉不气"了。

我曾经在老张到外地工作的期间，诚挚地邀请他国庆回家共度佳节，结果，他却嫌坐飞机两小时太累，宁愿开八小时车去额济纳旗！

我曾经在七夕节那天提醒他，这是一个特别的日子，结果，他说："今天是《权力的游戏》最后一集，是值得纪念的里程碑一般的日子！"

你说，我要是总生气，不得变成气球了。

但是吃瓜群众总是不能忍的。

办公室里，坐我旁边的小朋友知道我在七夕那天没有收到礼物时已经表示很震惊了，听说连结婚纪念日老张都没有主动送礼物时，表示："你男人不是我们天蝎座！K 姐你也一定不是处女座。你怎么能和他过？！"

这个问题问得真好，我陷入了深深的思考。

作为一个成熟的有两个儿子的中年妇女，我肯定不会先回答，我怎么能和他过这个问题。我会问我自己，不和他过，我现在还能和谁过？我生了一个儿子，又生了一个儿子，我身处再婚市场鄙视链最底端，我心态平和一些有错吗？

来，了解一下，女性再婚市场鄙视链是这样的：

离婚不带孩子 > 离婚带一个女孩 > 离婚带两个女孩 > 离婚带一个男孩 > 离婚带两个男孩。

所以说呀，这些小姑娘，你们根本还活在梦里呢。没人给你剥虾你就不吃？虾子高蛋白、低脂肪的，你不吃，你就亏大了。

刚刚生完孩子那会儿，

我看到了一个特别火的帖子：问老婆们如果有来世，你还愿意嫁给现在的老公吗？评论颇为扎心。有的说下辈子肯定找一个没有摄像头的地方把老公打得生活不能自理。有的说老公简直就是婆婆过继过来的巨婴，这辈子都受够了，还下辈子！有的说自己嫁给老公简直就是下凡来渡劫的。还有的说这辈子就想寻找一个真正可以依靠的爷们儿，找来找去，发现那个纯爷们就是自己！

其实，如果把这个问题抛给老公，我想他们的答案也好不到哪儿去。

两个各自野蛮生长了二十多年，甚至三十多年的人，突然睡在一起，吃在一起，过在一起了。想想都觉得这是一件很不可思议的事儿。然后，过呀过呀，每天看同一副面孔看了十几年、几十年，大概率这面孔还会越来越寒碜。想想，真是很恐怖，不容易！

夫妻在经历了最初的"你瞎我傻"阶段，各自本来的面目就都凸显了。很多人败倒在了家务活的拖把裙下。我也不例外。

关于干家务，常见的有三种人。

第一种：脏吗？哪儿脏呀，我不觉得呀。

第二种：我爱干净，我爱干活，我是小明，我要干活。

第三种：我爱干净，我不爱干活，你是小明，你去干活。

哪种人最讨厌？显然是第三种。

如果一个人是第一种，另外一个是第三种，那家里简直就是鸡飞狗跳。

我是哪种人？我这么随和，这还用说吗。我只能告诉你们，老张在第二种和第三种之间游走。

两个人在一起生活还可能有一个很大的问题，就是消费观念不同。

老张觉得，我有衣服穿，我有鞋子穿，我不需要包，我所有东西都可以装在口袋里。所以，不管多少钱的裤子，他穿一段时间，就算不放东西，都像揣了一口袋松果！

而我觉得，我没有衣服穿，去年的衣服配不上我今年的气质，我的鞋子配不上我的衣服，我没有黑色、红色、白色的包。可为什么我每次买包，都不买黑色、红色，或者白色的呢？我也不知道。

　　当然，我们的审美观也不同，对孩子的教育理念很多时候也不同。我们除了共同有两个孩子，好像真没有什么特别相同！

　　我们这么不同，这些年，我是怎么忍受着和老张过的呢？当然，老张的心理活动和我肯定是一样的。

　　我是最近这几年才发现我们为什么可以这么凑合着坚持携手走过这些年的。

　　有一天早上，老张在小张杀猪般的催促声中，依然慢条斯理地叠被子。

　　我说："我来我来，你快去送孩子吧。"

　　他说："你来？你哪天来过？我不叠，你叠过吗？"

　　我说："我没有，因为我不觉得需要叠被子。"

　　对话结束，谁都懒得去说服谁。

　　中年夫妻，纪念日没有暖心的礼物，但是红包一定会有的——微信转账 1200 元。

这是大家都默默遵守的游戏规则。

纪念日的晚上，无包无酒，有两个孩子，和一个因为换季鼻炎犯了，呼噜打得和乔治一样响的男人，我也可以过下去呀！

Why，why，why，是因为爱！

一天一天，一年一年的日子，把我们的棱角都磨没了，很多事情变得不那么重要，我们都学会了不强人所难，学会了好多事情，不外乎是你退一步，我退一步。这样，心才能你进一步，我进一步。

年轻的时候我看过一句关于婚姻的话，叫"冷暖两心知"，现在越来越觉得有道理。看似平淡无奇的夫妻，依然过着；看似花红柳绿的，却不一定过得下去。

就说写公众号文章这件事，看人家网红，随便写写就是十万多的阅读量，好几百人打赏。我也是十分眼红的。但是无论我写什么，即便只有两个人打赏，一共 205 块，其中 200 块也一定是老张给的。即便他在外头和同学聚会已经喝大发了，在大半夜我也会收到这 200 块的打赏。这是他的方式。

当然，这也不能阻止我对他结婚十二年给 1200 元这个事耿耿于怀，因为我得和他过一百年才能一次性混个"万元户"！

**爱情是我们当年发誓要一起到白头。婚姻很可能是，你半**

路却先秃了头。真的，太多不确定因素了。当年自己还是一个小姑娘时，觉得绝对不能忍的很多东西，如今我都释怀了。

我曾经也是一个只爱颜值不爱钱的女子。如今，老张的头发一年一个样，三年大变样，每年的发际线都会创"新高"。我觉得完全无所谓。

我认真地告诉他，如果有一天，他的发际线"越过山丘"到后脑勺了，我也一样爱他。但是，他如果敢留那种"地方包围中央"的发型，我是肯定不会和他过了。

婚姻，只要有底线就可以了。

其他的，都自由发挥去吧。

# 当中年男人成了小学生的爸爸

人到中年，事业家庭，老婆孩子——男人的头发越来越少，但是身上、心里的事是越来越多了。

老张有一段时间有点儿闹心。

五一劳动节后的某天，小张回到家，告诉我们六月初学校开运动会，他自己被选中参加跳绳跑跳比赛，因为他跑得特别快。每个班还需要有五个小朋友的家长代表班级参加跳绳比赛，他和老师说："我爸爸愿意报名。"

老张立刻表示，为了打破我说他不陪孩子的"谣言"，他决定参加。小张问："爸爸，你半分钟能跳多少个？"

老张估计是因为小张半分钟能跳八十多个，就顺嘴说，九十多个吧。就这样，我们正式把老张的名字报上去了。

后来，老师通知，因为家长们参与的积极性都很高，目前有八个家长报名。所以，报名的家长们要把自己半分钟跳绳的个数报上来，个数多的前五名，代表班级参赛。

老张顿时紧张了，把我拉到书房，小声问我："你说，我要是最后没有被选上，孩子会不会很失望？应该不会吧？重在参与，是吧？"

呵，我冷笑着，那你得先有资格参与！

于是，老张不再每天心不在焉地一边看手机，一边拿一个秒表给小张测跳绳，而是跑到楼梯间，让小张给他计时练习跳绳。

真的，看着他跳，我深深地觉得，我们生孩子生晚了。四十岁的老张，跳得肚子上的肉乱颤，气喘吁吁，眼镜也歪了，还好头发没有达到可以凌乱的量。

三十秒终于过去了，老张差点儿一口老血喷出来，说，九十八！

我和小张几乎异口同声地说，你不识数吧，八十八！

他大概太累了，出现了幻觉。

父母同志们，对于一些你从来没会过的技能，比如钢琴，一些你曾经会过，但是很多年没练过的项目，比如快速跳绳，都别急着骂孩子，你自己试试，真没那么容易。那些半分钟跳一百二十多个的孩子不知道怎么做到的。

在已经报名的五个家长里，老张排名第五。小张知道后第一时间批评老张：爸爸，你知道吗？我们班朵朵妈妈半分钟跳一百二十多个。你知道人家是怎么做到的吗？人家天天练习，不练怎么可能跳得多呢？人家跳那么多还天天练，你看看你！

老张灰溜溜了好几天，觉得参赛无望了。但是人生如戏，后边那三个家长报数后，都没有他多。他以第五名的身份得以代表班级参赛了。这个结果有点儿诡异又有趣了，老张的心情变得很复杂。

每天老张一进门，小张就问："爸爸，你今天练跳绳了吗？"

老张就很不好意思地说，今天白天开了好几个会，实在是没有时间练习。

老张刚刚吃完饭想和他干儿子（他的手机）玩一会儿，小张又说了："爸爸，你看看现在几点了，你再不练跳绳，就又该睡觉了。"

"爸爸，你是我们班家长的代表，我们五个校区，三十个班，有一百五十个家长参加比赛，你觉得你能得第几名？如果你得了最后一名，我们班老师和小朋友可都知道你是我爸爸！"

我仿佛看到了，老张老了，小张把他送到老年大学的场景。

大人有的时候真的没有自己要求孩子时那么底气十足。

老张吃完饭，休息够了，去跳绳。

第一次测试，成绩不理想。不行，我这个鞋子有点儿不舒服。

第二次测试，成绩依然不理想。不行，这个跳绳怎么好像有点儿短。

第三次测试，成绩还是不理想。不行，我太累了，没有体力了。

小张每次看老张跳绳都是一副恨铁不成钢的表情，但好像除去用别人的爸爸来激励他，也没有什么更有效的办法。

我和老张说，你知道吗？作为一个小学生的爸爸，怎么才能够做到让老师喜欢？怎么可以做到即便当不了让孩子拼的爹，也不能当坑孩子的爹？

他表示，孩子是好孩子就行，和家长没什么关系。

你是不是傻！你得配合老师，积极地、无条件地配合，懂吗！老师交代的事情积极参与，并且保证干得漂亮！你报名参加的比赛，不得第一名、第二名无所谓，但是如果你得了倒数第一或第二，老师才不会管你是什么单位人模狗样的老张，他们只知道你是哪哪校区五班小张的爸爸！你儿子的同学也会说，小张的爸爸得了倒数第一，给我们班拖了后腿。

老张陷入了沉思，脸上逐渐露出惊恐的表情。

真正让老张意识到这个问题的严重性，是在前几天。有人通知他有一个特别重要的活动，他得参加，正好是小张运动会那天。

他本来想找一个冠冕堂皇或者要死要活的理由推

了，但是受智商限制，一时也想不出。只好照实说那天我儿子学校运动会，我得陪他参加，我还有项目。

对方立刻说，哎哟，没有什么事比儿子学校的事儿重要了。你还有项目呀，一定好好比，别给儿子丢脸，我这边一定重新安排时间……

哦，原来现在大家都是这个觉悟了。

我们家邻居大概非常搞不懂，为什么每天晚上九点到九点半都能听到一个中年人呼哧地喘着粗气的声音。

他们不知道，他只是在跳绳。

老张终于拖着累残的腿爬上了床。他正想和我说点儿什么，我说："唉，六年后，你的小儿子，就要上小学了。"

他眼中的光芒熄灭了，转过身去，叹了口气。

"中惨"爸爸的马拉松才刚刚开始，只要能坚持下来，就是胜利！

老张跳绳这件事让我

感慨挺多的。人到中年，事业家庭，老婆孩子——男人的头发越来越少，但是身上、心里的事是越来越多了。好多时候，他陪孩子真是有点儿力不从心。我虽然吐槽无数，但有时也能理解。现在我经常激励他："老张，加油，你五十岁的时候，你小儿子才十岁喔。"听到这句话，他总是一副惊恐的表情，晚饭都会少吃一碗。

科学研究表明，男性的 Y 染色体正在逐渐消亡。当然，这个逐渐的过程有四百六十万年这么长。面对这个未来会消失的物种，我想对老张说，出于人道主义，我会尽量对你更好一点儿的。

我特别想对小张说：别总是和爸爸对着干。他可能有时候用的教育方法比较简单、粗暴，但是这并不妨碍他爱你。我记得你一岁多一点儿第一次高烧不退时，我和你爸爸都是六神无主的。你吃了退烧药也几乎不出汗。冬天大晚上的，我们又实在不愿意把迷迷糊糊的你一次一次地放温水盆里。你爸爸大半夜光着膀子打开窗户，吹冷风，然后抱住你。我当时看了觉得很好笑，现在想想觉得，这大概就是真爱吧。

你也许一辈子都不能做到像他对你这么对他，但是这一点儿也不影响他依然这么爱你。

# 写在后面

这本书到这里，基本就算结束了。出书这事，也算是终于可以从我的人生心愿单中划掉了。

在最后的最后，我想和大家再聊两件事。

第一件事，是健康。

毕竟，作为中年老母亲的我们，已经不再年轻了。

前两年，我生了两场"疑似"的重症。年初一场突如其来的肠病，让我几乎绝望。我做了所有的检查，甚至被要求去看血液科抽骨髓，然而，都没搞清楚自己到底是什么毛病。

那个时候，一个和我年龄相仿的朋友因为肺癌去世了。她不抽烟不喝酒，根本不知道为什么就得了肺癌。她有两个孩子，她说无论怎么样，只要能活，多大的罪她都能受。她最后还是走了。我经常突然想起她，忍不住偷偷掉眼泪。

到了年尾，我左侧腰部附近突然剧痛，那种刀割一样的疼。我以为休息一下就能好，结果疼得完全直不起腰了。老张带着我去了附近医院的急诊，验血、验尿、B超、CT轮番上阵。

在等着做CT到时候，我疼到不能自已，蹲在CT室门口，整个人缩成一团。突然我想到了什么，大叫："老张，给我照张照片，以后写文章可能用得上。"

老张像见了鬼一样，把我拖进了CT室。医生看我的CT结果时表情凝重，说："从片子上看，肾和输尿管连接处都堵死了，有一截梗阻。你先消炎吧。明天来照一个增强CT，我们再判断，不行就再进一步检查。嗯，你得重视。你这个年龄，啧……"

回到家，我非常沮丧。因为疼痛，因为害怕，因为我认为理所应当健康的身体竟然这么脆弱。

小张因为我们没能按照计划陪他去冰雪世界而在家大哭大闹。他坚决不弹琴，不写作业，说假期就应该出去玩。我实在没有一点儿力气说他，甚至都懒得看他一眼。

在他情绪稍微稳定一些后，我突然想和他说说我那时那刻最最真实的想法。我没把他当成一个孩子，而是当成了我最爱的人，像是和他碎碎念，也像是和他商量。

我说：妈妈现在很疼，医生检查后，说妈妈可能生病了，不知道是什么病，要继续检查。妈妈现在突然想到，如果我得了什么特别严重的病，我不知道我该不该拼命治疗。小张问我：什么叫特别严重的病？我说：比如癌症，比如肿瘤，就是可能没办法治好的很痛苦的病。小张说：米小圈他们校长就得了癌症。

我自顾自地说着：如果妈妈得了很严重的病，对于你，妈妈没有纠结。因为无论我活多久，你都会永远记得我。但是我很纠结要不要让吉米记得我。如果我不进行激进的治疗，离开了，吉米不到三岁，只要以后的妈妈对他还行，他一辈子就不会痛苦，因为他不用思念妈妈。但是我又很遗憾，我那么爱的人，竟然不记得我。我想拼命治疗，但是可能他五六岁时，我还是走了，那样就很可怕，他记得妈妈，而且都是妈妈最痛苦的样子。

我说不下去了，小张搂着我哭了。那天晚上他果然老实了很多。临睡前，我发现他在我床头贴了一张纸条，上面写着"zhù 妈妈早日 kāng fù 。"

第二天，泌尿科的大夫看了我所有的检查结果，说目前来看，应该是急性肾盂肾炎。对于我肾和输尿管连接处完全堵死，他分析一是因为炎症，照 CT 时应该是炎症最严重的时候；二是因为我天生那部分发育的就不如别人好，要窄一些。

虚惊一场，真是万幸。

医生嘱咐我：女性在你这个年纪，如果工作压力大，再加上喝水少、憋尿，就特别容易感染。你一定要重视，免疫力低的时候一点儿小问题都会被放大。

在回去的车上，老张突然和我说："哎，你能不能先别和垚垚说你应该没什么大事，让他多老实几天。"

看，人就是这么健忘。

昨天还要死要活，今天知道可能问题不大，就立刻又觉得健康是那么简单而又理所应当的事儿了。

我们总说，人这一辈子健康是 1，其他所有名誉、地位、事业、感情都是 0。可我们每天都在为多一个 0 而拼命，却忽略了那个最有意义的 1。人真正觉得健康重要的时候，是我们失去它或者几乎失去它的时候。人到中年，1 格外脆弱，稍不留意，1 歪了，崩塌了，后边所有的 0 就都是虚无了。

所以我们要时常警惕：少熬夜、多锻炼、少生气、多喝水，做一个不给自己添痛苦，不给别人添麻烦的中年人。对于老张，我希望他也能健康。中年夫妻不指望情长，只期盼命长。


第二件事，是梦想。

我其实很久以来都是一个没有梦想的人。年轻时没有梦想，好像没有那么可怕，反正傻，反正年轻，反正可以东一榔头，西一棒子，可以试错，可以犯错。但是中年危机到来时，人如果依然没有梦想，没有方向，就很可怕了。

我快到本命年的时候，经常失眠，大半夜思考人生，觉得光阴虚度，太多遗憾。但是我早上一起床，好像所有的困惑、心结都没有了，就想着早饭吃点儿什么了。

我想要点什么，除去包包之外，我想知道有没有什么可以让我兴奋，并且愿意为此付出努力的东西。

我无数次地幻想，如果真的有阿拉丁神灯，有三个愿望可以被满足，我是不是除去平平安安、健健康康、发大财之外，能说出点儿让灯神觉得我有点儿水平、有点儿想法的东西。

这个东西被称作梦想，或者目标。

之前"先定个一个亿的小目标"，火遍了朋友圈。投资一亿赚十亿对我来说根本不是阳间可以看到的事，但是这给我提供了一个思路——我也可以定一个小目标。比如，我觉得"互联网＋"是大势所趋，我想看看怎么能赶上这班车。

我先是和睡在我身边的兄弟说起了我的想法。他表示，你要干吗？要去做代购吗，还是微商？

是的，我每天买买买，但不代表我就要去卖卖卖。

我说我想做一个公众号，内容创业。

我喜欢写东西，有点儿幽默细胞；我岁数够大，有一些人生阅历；我有两个儿子，未来会有两个儿媳妇儿……这样彪悍的人生，得有多少感悟啊！我也愿意和大家分享。

兄弟表示,写东西呀,写吧,别耽误带孩子就好。

在你有梦想有目标的时候,其实空想和实现之间差的就是几个可以共事的人。身边的兄弟显然不是。

我很幸运,找到了另外两个有趣的灵魂,就是开篇给我写序,我文章中也提到的啾啾妈和图图妈。

做公众号这件事,坚持下去,本身就很难,三个人,好过一个人。在大家意见不一致时,三个人,好过两个人。

从第一篇文章,到第一百篇文章。

从几百的阅读量,到几千,再到几万。

从几百个粉丝,到几千个粉丝,到几万个,再到更多。

从一天粉丝增加几十个,到几百个,期间甚至还有几个负增长的低谷。

还好,我们都坚持下来了。

一个中年妇女,也需要别人的肯定。虽然我经常写文对老张"冷嘲热讽",但睡在我旁边的兄弟从一开始抱怨我整天瞎写不管孩子,到现在会每天给我们转发文章,为我的文章阅读量过十万而激动不已。他一直追问我"金主爸爸"找我们打广告,真的是给我们钱,而不是我给他们钱?他只是有点儿担心,会不会我们写了半天,三个妈妈六个娃都没红,老张红了!

梦想是有温度的,它会让你整个人看起来不一样,甚至可以让一个面部浮肿、眼中无光的中年妇女，看起来像打了瘦脸针。

梦想是有宽度的，宽到你不再只关心老大作业写没写，老二拉没拉臭㞗㞗。你想去认识更多的人，听更多的故事，了解更多新鲜的东西。

梦想，目标，可以是很小的东西。

老张也有梦想，他希望自己的头发长得多一些，至少掉得慢一些。他买了所有宣称生发的洗发水，花的钱起码有五位数。他又花五位数办了头皮养护的卡，去的比接孩子都勤。

很多中年妇女，包括曾经的我也一样，都有一种病，就是"懒癌"。我们自己的人生结束于孩子出生那一刻，甚至更早。这其中有伟大的母爱，但也有穿着牺牲皮的懒惰心。

梦想，目标，听起来这么不"佛系"的词儿好像不该是中年妇女们想的，否则就是不踏实、不顾家。

其实梦想和目标可以有很多种，可以是每年和闺蜜的一次旅行，可以是开始学习烘焙，可以是开一个小花店，可以是读十本书。

无论你在哪里，在做什么，无论你的孩子听不听话，老公给不给力，你都要想想，你想去哪里，想做什么。想想，又不要钱。

所以，从这个晚上开始，想想！

想想，就离实现近了一步。

# 后序一

大家好，我是老张。吉米妈写公众号文章，其实最先红的不是她，是我。 我不仅给她贡献了很多素材，她的江湖花名"朝阳凯特"其实也是因为我和王子的共同特点……当然，我现在已经不那样了，我植发了。

她出书让我写点儿什么，感觉挺奇怪的。我说我写什么呀，她说："你就写写你眼中的我吧。"嗯，这算是送命题吗？我说："你在我眼中是最美。"算了，这么说别说我不信，她也不信。

不过说真的，我还挺佩服她的。她做事儿认真，挺拼的，这点咱们有一说一。她们仨做公众号第一年特别累，我记得二〇一九年新年的时候，吉米妈病了，后来说是急性肾炎。她在CT室门口疼得蹲在那儿，把我急得够呛，没想到她说："快，快给我照相，以后写文章用得上。"

她对自己都这么狠，对我和小张还有吉米肯定也不会手软。

其实我没她说得那样每天和手机做伴，小张也挺暖，吉米很可爱。当然，我们两个的标准可能不一样，比如她带孩子出去玩，要收拾两个大箱子，恨不得把吉米的枕头、被子都带着，我对自己的要求就是：带孩子出去玩，能带回来就行啦，不用那么仔细。

　　人到中年，我们看大是大非就行，爱看手机这样的小细节没必要太关注。

　　这本书写得就是我们家的事，二胎家庭哪个不是鸡飞狗跳加有说有笑。帮吉米妈站个台，把这本书推荐给所有中年人，无论男女都看一看，一周一遍就行，可以有效避免家庭矛盾、促进家庭和谐，早生二胎。

——老张

# 后序二

大家好，我是垚垚，也是妈妈书里的小张，吉米的哥哥。

这些是我说的，我妈打字。

我特别爱妈妈，我也不知道为什么，大概因为她也爱我吧。她有时候挺凶的，比如催我学习，但是她陪我，我就觉得她对我好。

当然，我还是不爱学习，我和她说："你不理解我。"我妈说她也当过小孩，就没让姥姥操心过。可是她不懂，因为她没有当过小男孩。

我知道有人说妈妈偏心，她说自己是吉米妈，不是垚垚妈。这事妈妈和我商量过，我同意的，因为我的"垚"字好多人都不认识。有一次她上节目，我的名字就被打成了"遥遥"。

妈妈写的文章我都没看过，但是她写的好多东西我都知道，因为我兴趣班的老师，楼下的阿姨，还有我姥姥和奶奶，会告诉我的。我觉得她有时候写的不对,比如我一学习就上十次厕所,根本没有那么多次!

她要出书挺好的,我愿意买一本,我们班同学的妈妈,可能没人出书,所以我觉得我妈妈挺酷的。

——小张